装备科技译著出版基金

雷达网络与电子战系统中的光子学

［意］安东内拉·博戈尼（Antonella Bogoni）
［荷］保罗·格菲（Paolo Ghelfi）
［荷］弗朗切斯科·拉赫扎（Francesco Laghezza） 编著

李胜勇 李江勇 程志锋 李洪科 闫家亮 译

国防工业出版社
·北京·

著作权合同登记　图字：01-2022-4440 号

图书在版编目（CIP）数据

雷达网络与电子战系统中的光子学/（意）安东内拉·博戈尼（Antonella Bogoni），（荷）保罗·格菲（Paolo Ghelfi），（荷）弗朗切斯科·拉赫扎（Francesco Laghezza）编著；李胜勇等译. —北京：国防工业出版社，2023.1

书名原文：Photonics for Radar Networks and Electronic Warfare Systems

ISBN 978-7-118-12659-4

Ⅰ.①雷… Ⅱ.①安… ②保… ③弗… ④李… Ⅲ.①雷达电子对抗—研究 Ⅳ.①TN974

中国版本图书馆 CIP 数据核字（2022）第 193967 号

Original English Language Edition published by The IET,Copyright 2019,All Rights Reserved.

※

国防工业出版社出版发行

（北京市海淀区紫竹院南路 23 号　邮政编码 100048）

三河市腾飞印务有限公司印刷

新华书店经售

*

开本 710×1000　1/16　插页 6　印张 13¼　字数 230 千字
2023 年 1 月第 1 版第 1 次印刷　印数 1—1500 册　定价 98.00 元

（本书如有印装错误，我社负责调换）

国防书店：(010) 88540777　　书店传真：(010) 88540776
发行业务：(010) 88540717　　发行传真：(010) 88540762

译者序

在过去的几十年里，光子学已经被提出用来改进解决非常具体的问题，例如射频传播损耗，或在射频检测中增加带宽。在技术文献中，光子学被广泛应用于几个不同的领域，如信号传输（通常称为光纤无线电或微波光子链路）、基于光子学的射频信号发生器，或光子学实现高采样率的数模转换器。一种新的研究方法最近正在兴起，研究利用所有特殊的单一装置中的光子学特征，目前还处于研究初期，很少提出基于光子学的系统，特别是实现雷达、雷达网络或电子战系统。由于光子集成技术的发展，使这些想法更加接近实际应用，可大大提高系统的稳定性和可靠性。本书正是在这种背景下编写的，培养工程技术人员形成工程化概念论证和运用。

本书的目的是把雷达、电子战系统团体和光子学界紧密地联系起来，并促进它们的融合，促进两者的发展用于创新应用的新光子技术，以及改进雷达和电子战系统的性能。本书通过大量的实例，描述了光子学在雷达和电子战系统的应用。本书邀请了一批在雷达、雷达网络、电子战系统和微波光子学领域的世界知名的专家，他们正在合作这些新的应用系统级的光子学。本书作者专家小组阵容庞大，他们来自多个国家，都是国际上光学测量领域的知名专家和学者，都具备深厚的学术背景，有些作者还具有工业领域的丰富实践经验。强大且多样的作者阵容保证了本书的权威性。

本书组织良好，内容翔实。作为一本研究性著作，本书全面介绍了微波光子学的基本原理、前沿进展和工程应用。同时本书具有严谨的参考文献，可供读者进一步扩展研究。总体来说，本书为科学和工程领域的人员了解光学测量的最先进概念提供了一份极有价值的资料。

翻译一本涉及领域如此广泛的微波光子学书籍是一项非常具有挑战性的任务。除了要理解艰深的雷达网络、电子战系统、光子学原理，还需要了解相关应用领域的进展。因此，在翻译过程中，查阅了大量的国内外文献，以保证对理论的理解以及研究进展的把握的正确性。特别是在某些细分领域的个别术语的翻译方面，参考并借鉴了国内相关学术出版物相关文献的主流用语。鉴于本书内容涉及面之庞杂，译者水平有限，翻译错误之处在所难免，恳请读者批评指正。

前　言

人们在过去数十年一直提出利用光子学改善微波子系统来解决非常具体的问题，如射频（RF）传播损耗或射频侦测中增加带宽。通过检索众多技术文献，我们发现光子学广泛应用于数种不同的应用领域。最成熟的领域是信号传输（通常称为光纤无线电或微波光子链路），同时也涉及微波光子滤波器、基于光子的射频信号发生器或支持光子的高采样率模数转换器。

最近出现了一种新的研究方法，在单台设备中利用光子学的所有特殊功能，研究光子学完整系统的开发。虽然目前仍处于研究初期，但是很少提出光子学系统，特别是实现雷达、雷达网络或电子战系统。

此外，光子集成的发展极大地减少了技术障碍，显著地提高了稳定性和可靠性，使一些想法更接近于实际的实现和部署。

在这种研究背景下，我们认为有必要编写一本书，采用更详细、完整和易于阅读的方式说明微波光子学的潜力，其最终目的是促进验证的概念在工业上的应用。

因此，本书的主要目标是在研究和工业水平上提供详细而清晰的跨学科信息，所涉及的科学领域包括：雷达与电子战系统领域和光子学领域。这两个领域通常采用不同的语言和方法。

同时，本书的目的还在于使这两个不同的世界联系更加紧密，促进它们的交叉应用，加快用于创新应用的新光子技术的发展，以及改进雷达和电子战系统的性能。

因此，本书可以为两类人员提供帮助：希望了解、探索和利用微波光子学概念的雷达和电子战系统设计人员和研究人员；对可能使用组件或芯片的系统有全面了解的光子学研究人员和工程师。

本书描述雷达和电子战系统中光子学提供的主要硬件功能：光纤中的射频传输、光子学射频信号生成/上变频和模/数转换/下变频、光束形成和光学射频滤波。本书还描述由光子学支持的新型雷达和电子战系统架构及其对数字信号处理的影响。此外，本书还讨论光子集成的功能，重点强调在减小整个雷达或电子战系统的尺寸、质量、功耗和成本方面的潜力，同时介绍芯片上系统实现要求的新应用情景。

本书的结构如下：

第1章和第2章介绍雷达系统和电子战系统的结构和优点，并重点强调它们当前的问题。第3章介绍微波光子学的基本组成部分，重点介绍光子学支持功能的发展潜力。第4章介绍光子学雷达系统的最新示例。第5章介绍雷达网络（或网状雷达）的一般概念和优点，同时说明使用标准射频技术实施的雷达网络的示例并强调其局限性。第6章描述光子学相关雷达网络的最新实现潜力。第7章介绍电子战系统中最相关的光子学实例。第8章从工业角度分析雷达和电子战系统中光子学的过去和未来。

为了撰写本书，我们邀请了雷达、雷达网络、电子战系统和微波光子学等各个领域的著名专家，他们已经或正在合作研究系统中光子学的新应用。这种方法可以确保各章之间使用一条共同的主线，并且整本书都具有统一的观点。此外，受邀的作者还充分展示了他们极强的学术和行业背景，为本书提供重要的前景，融合了学术方法规定的科学潜力和新颖性，以及基于技术可行性的详细分析和实际市场需求的成本/性能平衡。

安东内拉·博戈尼（Antonella Bogoni）
保罗·格菲（Paolo Ghelfi）
弗朗切斯科·拉赫扎（Francesco Laghezza）

目 录

第1章 当前雷达系统的问题 · 1
  1.1 组织及要点 · 1
  1.2 雷达系统概述 · 2
      1.2.1 雷达设计 · 3
      1.2.2 雷达系统架构 · 5
  1.3 雷达功能和应用 · 7
      1.3.1 雷达功能的定义 · 9
      1.3.2 雷达类别和功能 · 12
      1.3.3 雷达应用 · 13
      1.3.4 雷达功能 · 14
      1.3.5 现代雷达的概念 · 14
      1.3.6 从单个雷达单元到雷达网络拓扑 · 15
  1.4 当前雷达网络和未来的趋势 · 17
  1.5 小结 · 18

第2章 电子战系统及当前问题 · 22
  2.1 组织及要点 · 22
  2.2 电子战场景 · 22
  2.3 电子支援接收器 · 23
      2.3.1 雷达发射器的电子支援接收器 · 24
      2.3.2 通信发射器的电子支援接收器 · 24
      2.3.3 基本电子支援传感器架构 · 25
      2.3.4 电子支援接收器的实现和要求 · 30
      2.3.5 数字接收器 · 34
  2.4 电子攻击架构 · 35
  2.5 电子保护架构 · 36
      2.5.1 频率和脉冲重复间隔灵活性 · 37
      2.5.2 超低旁瓣 · 37
      2.5.3 多个旁瓣相消器 · 37

  2.5.4 旁瓣消隐 ········· 37
 2.6 未来的发展 ········· 38
 2.7 小结 ········· 40

第3章 微波光子学概念和功能 ········· 42

 3.1 组织及要点 ········· 42
 3.2 未来雷达和电子战系统的微波光子解决方案 ········· 42
 3.3 光子学射频生成和上变频 ········· 44
  3.3.1 通过射频调制产生锁相激光器 ········· 46
  3.3.2 通过注入锁定实现激光相位锁定 ········· 48
  3.3.3 光电振荡器 ········· 50
  3.3.4 锁模激光器 ········· 51
 3.4 基于光子的射频侦测 ········· 53
  3.4.1 通过光子下变频进行射频侦测 ········· 55
  3.4.2 通过光学采样进行射频侦测 ········· 56
  3.4.3 其他光子学射频接收技术 ········· 56
 3.5 光子学射频信号的传输和分配 ········· 56
 3.6 微波信号的光学滤波 ········· 58
 3.7 射频信号的波束成形 ········· 62
 3.8 片上实现:最新技术、未来趋势和前景 ········· 65
 3.9 小结 ········· 65

第4章 光子学雷达 ········· 73

 4.1 组织及要点 ········· 73
 4.2 光子学收/发器 ········· 73
 4.3 适用于软件定义雷达的光子学通用收/发器 ········· 74
 4.4 适用于调频连续波雷达的光子学特定收/发器 ········· 75
 4.5 光子学雷达和现场试验 ········· 76
 4.6 基于多频段光子学的收/发器和雷达 ········· 79
 4.7 双频信号处理 ········· 81
 4.8 案例研究:海军场景现场试验 ········· 83
 4.9 案例研究:空中场景实地试验 ········· 89
 4.10 案例研究:环境监测现场试验 ········· 91
 4.11 小结 ········· 96

第5章 雷达网 ········· 99

 5.1 组织及要点 ········· 99
 5.2 多基地雷达 ········· 100

- 5.2.1 概念 ……………………………………………………… 100
- 5.2.2 优势 ……………………………………………………… 101
- 5.2.3 应用 ……………………………………………………… 101
- 5.2.4 网络雷达：系统描述 ……………………………………… 102
- 5.3 信号模型 ………………………………………………………… 105
  - 5.3.1 集中式雷达网络处理 ……………………………………… 106
  - 5.3.2 分散式雷达网络处理 ……………………………………… 107
- 5.4 雷达网络同步问题 ……………………………………………… 108
- 5.5 数据融合方法 …………………………………………………… 110
  - 5.5.1 多基地雷达网络中的数据融合架构 …………………… 111
  - 5.5.2 多基地架构中的信息融合方法 ………………………… 113
  - 5.5.3 雷达网络融合的成就 …………………………………… 114
- 5.6 多目标跟踪 ……………………………………………………… 115
  - 5.6.1 雷达网络的多目标跟踪问题 …………………………… 117
- 5.7 海上监视雷达网络：近期试验 ………………………………… 118
  - 5.7.1 试验设置 ………………………………………………… 118
  - 5.7.2 性能评估 ………………………………………………… 119
  - 5.7.3 试验分析 ………………………………………………… 120
- 5.8 小结 ……………………………………………………………… 125

第 6 章 雷达网络中的光子学 ………………………………………… 134

- 6.1 组织及要点 ……………………………………………………… 134
- 6.2 雷达网络中的相干性和同步 …………………………………… 134
  - 6.2.1 雷达网络的分类 ………………………………………… 135
  - 6.2.2 雷达网络中的同步 ……………………………………… 138
- 6.3 同步分布式雷达网络的光子学 ………………………………… 141
  - 6.3.1 微波频率传输 …………………………………………… 141
  - 6.3.2 光学参考的生成和分配 ………………………………… 142
- 6.4 光子学集中式雷达网络：一种试验方法 ……………………… 143
- 6.5 光子学集中式雷达网络中的多输入多输出处理 ……………… 145
  - 6.5.1 适用于基于光子学多输入多输出雷达的模拟器 ……… 145
  - 6.5.2 仿真结果：相干多输入多输出处理的潜力 …………… 146
- 6.6 小结 ……………………………………………………………… 150

第 7 章 电子战系统中的光子学 ……………………………………… 155

- 7.1 组织及要点 ……………………………………………………… 155
- 7.2 电子战系统中的光子潜力 ……………………………………… 155

7.2.1 电子保护 ……………………………………………… 156
7.2.2 电子支援 ……………………………………………… 156
7.2.3 电子攻击 ……………………………………………… 156
7.3 微波光子链路 ………………………………………………… 156
7.3.1 基于强度调制和直接侦测的微波光子链路 ………… 157
7.3.2 通过预失真进行微波光子链路线性化 ……………… 158
7.3.3 差分传输和侦测 ……………………………………… 159
7.3.4 其他扩展 IM–DD PML 线性度的方法 ……………… 160
7.3.5 基于相位调制和相干侦测的微波光子链路 ………… 160
7.3.6 用于测向的微波光子链路 …………………………… 161
7.4 瞬时测频系统 ………………………………………………… 161
7.5 扫描接收器 …………………………………………………… 162
7.6 光子学相干扫描接收器 ……………………………………… 163
7.6.1 光子学相干扫描接收器的架构 ……………………… 166
7.6.2 特征和优点 …………………………………………… 166
7.7 案例研究：海军战术场景中的现场试验 …………………… 170
7.8 小结 …………………………………………………………… 172

第8章 雷达和电子战系统的过去和未来：工业角度 …………… 176
8.1 组织及要点 …………………………………………………… 176
8.2 作战需求 ……………………………………………………… 177
8.2.1 雷达 …………………………………………………… 177
8.2.2 电子战 ………………………………………………… 178
8.3 监视相控阵雷达中的光子学 ………………………………… 178
8.3.1 波束成形网络技术和架构 …………………………… 178
8.3.2 过去 …………………………………………………… 182
8.3.3 目前 …………………………………………………… 182
8.3.4 不久的将来 …………………………………………… 183
8.4 SAR 中光子/光电子学 ……………………………………… 183
8.4.1 SAR 简短提醒 ………………………………………… 183
8.4.2 过去 …………………………………………………… 184
8.4.3 现在和未来 …………………………………………… 184
8.5 光子学/光电子学在雷达自适应数字波束形成
（ADBF）中的作用 …………………………………………… 185
8.5.1 在光学计算机上映射自适应数字波束形成（ADBF）
算法 …………………………………………………… 187

8.6 光子学/光电学在 ESM 中的作用 …………………………… 189
8.7 雷达与电子战的共存：光电元件的作用 …………………… 190
8.8 量子感应和量子雷达（QR）：科幻还是现实？ …………… 190
  8.8.1 量子雷达操作的基本原理 ………………………… 191
  8.8.2 量子照明的基本工作原理 ………………………… 191
8.9 总结与展望 ……………………………………………………… 193

第9章 结论 ……………………………………………………… 197

第 1 章

当前雷达系统的问题

法布里奇奥·贝里齐 （Fabrizio Berizzi）[①],
亚美利哥·卡普里亚 （Amerigo Capria）[②], 伊丽莎·朱斯蒂 （Elisa Giusti）[②],
安娜·丽莎 （Anna Lisa）[②]

1.1 组织及要点

无线电侦测和定距（RADAR）通过传输电磁（EM）能量并处理反射的回波，进而侦测并定位有限空间内的目标。同时可以提取其他目标特征，如速度、形状和大小。虽然使用无线电波侦测目标的概念主要用于军事领域，但目前雷达也用于民用领域，如短期天气预报、地质观测、自主巡航控制等。广泛的用途要求雷达类型具有多样性，每种雷达类型都可以根据数个特征进行分类，如特定的雷达功能（频段、天线类型、发射波形等）、雷达平台（地面、机载、星载等）、雷达任务和功能（跟踪、预警、天气等）和雷达架构（单基地、多基地、多功能等）。随着技术和应用的进步，雷达系统将面临新的挑战（如自动目标识别、雷达成像技术、网络中工作的能力、相位和时间同步、远程侦测和跟踪等）。因此，对雷达的要求和期望变得越来越苛刻，从而促使雷达系统向越来越精密的方向发展。

本章概述雷达系统及其主要应用，同时说明雷达的新范式和系统概念。

1.2 节重点介绍经典雷达系统背后的基本理论和概念。具体而言，本节简要概述雷达的基本术语和架构。1.3 节概述主要的雷达功能和应用。1.4 节和 1.5 节讨论现代雷达系统所面临的新挑战，尤其是对环境的高度适应性以及在网络中进行协作的能力。这些新功能可以帮助雷达在动态环境中提高侦测、跟踪和自动目标识别（ATR）方面的性能，并且有助于雷达系统自动智能地管理其资源来处理多项任务。

[①] 意大利比萨信息工程学院；
[②] 意大利比萨国家大学间电信联盟（CNIT）雷达和监视系统（RaSS）国家实验室。

1.2 雷达系统概述

雷达是一种使用电磁波确定静止目标和非静止目标的存在（侦察探测，简称侦测）和位置（目标雷达距离测量）的系统。

雷达功能背后的物理原理依赖于散射现象学。散射是目标的特性，它会将一部分发射的雷达能量向雷达反向散射。

从操作的角度看，雷达通过具有适当特性的射频（RF）信号向通常称为监视区域的目标区域传输一定量的能量。传输的信号会击中监视区域中的目标，并在其上感应出表面电流。表面电流使目标成为辐射元件，而辐射元件又向周围区域辐射能量。目标辐射出能量的方式取决于其上的表面电流，而表面电流又取决于雷达发射的电磁信号和目标的物理特性（基本上是其形状、大小和制成材料）。

目标反向散射的一部分能量（雷达反射或回波）会反射回雷达，雷达能够通过在发射信号和接收信号之间进行某种"比较"来感知该信号并测量其距离。实际上，如下面所述，由目标反向散射并由雷达接收的信号，包含有关目标距离或作用距离（雷达术语）的信息，以及相对于雷达的目标运动情况，即目标运动在雷达观测到的时间内是否出现作用距离偏移。

典型的传输信号是单频脉冲，定义为

$$S_{\mathrm{T}}(t) = A\mathrm{rect}\left(\frac{t - T_i/2}{T_i}\right)\cos(2\pi f_0 t) \tag{1.1}$$

式中：A 为振幅系数；$\mathrm{rect}(x) = \begin{cases} 1, |x| < 1/2 \\ 0, 其他 \end{cases}$；$T_i$ 为脉冲时间长度；f_0 为载波频率。

假设一个点状散射体在雷达的距离 R 处并以速度 v 移动。目标反向散射且雷达感知的信号可以表示为

$$S_{\mathrm{R}}(t) = K\mathrm{rect}\left(\frac{t - \frac{T_i}{2} - \tau(t)}{T_i}\right)\cos[2\pi f_0(t - \tau(t))] \tag{1.2}$$

式中：$|K| < |A|$；$\tau(t) = \dfrac{2R(t)}{c}$ 为延迟时间；c 为真空中的光速。

接收的信号是发送信号的衰减且时移副本。我们可以注意到，接收的信号随时间变化提供更多有关目标距离的信息。很明显通过恢复有关目标随时间变化的历史信息，可以估算目标运动参数，包括目标径向速度和加速度。

雷达系统可以粗略地分为两类，它们的采集几何形状不同。

（1）单基地雷达、发射器和接收器位于同一个位置。在此种情况下，有

$$\tau(t) = \frac{2R(t)}{c} \tag{1.3}$$

（2）双基地雷达、发射器和接收器在空间上分开。在此种情况下，有

$$\tau(t) = \frac{(R_\mathrm{T}(t) + R_\mathrm{R}(t))}{c} \tag{1.4}$$

式中：R_T 和 R_R 分别为发射目标和接收目标的距离。

雷达系统还可以根据发射波形来区分。

（1）脉冲雷达每 T_R 秒发送一次式（1.1）所述中的脉冲。T_R 称为脉冲重复间隔（PRI）。脉冲雷达在不同且连续的时间间隙中发送和接收信号。

（2）连续波形（CW）雷达，可发射连续信号而不是有限的脉冲时间内发射信号。单频连续波形可表示为

$$S_\mathrm{T}(t) = A\cos(2\pi f_0 t)\,\mathrm{rect}\left(\frac{t - T_\mathrm{obs}/2}{T_\mathrm{obs}}\right) \tag{1.5}$$

式中：T_obs 为观察时间。单基地连续波雷达能够同时发送和接收信号。

1.2.1 雷达设计

在本节中，我们简要回顾雷达的基本术语和关系。当必须确定雷达设备的尺寸时，应考虑以下问题。

（1）空间分辨率。它是具有相等反射率的两个点状散射体间的最小距离（沿预定方向），因此雷达系统可以将它们区分为两个独立的对象。范围分辨率定义为

$$\delta_\mathrm{r} = \frac{c}{2B_i} \tag{1.6}$$

式中：c 为真空中的光速；B_i 为传输信号的瞬时带宽。

对于单频脉冲雷达式（1.1），B_i 通过傅里叶变换对的不确定性关系与脉冲持续时间相关。因此，$B_i \propto \frac{1}{T_i}$。

（2）雷达覆盖范围。这是雷达可以以一定的侦测率（侦测概率）和反射率功率（称为雷达散射截面）侦测目标的最大范围。

（3）最大明确范围。在脉冲雷达中，这是目标的最大范围，使得在传输下一个脉冲之前，已接收到该目标反向散射回波的前沿。

然后，最大明确范围通过下式与 PRI 关联，即

$$\Delta_\mathrm{r} = \frac{c}{2}T_\mathrm{R} \tag{1.7}$$

（4）绑定范围。在脉冲雷达中，这是目标的最小可侦测距离，受脉冲持续时间的限制。实际上，在脉冲单基地雷达中，雷达在脉冲传输期间无法接收任何回波。

盲速与脉冲持续时间 T_i 相关联，定义为

$$\Delta_B = \frac{c}{2}T_i \qquad (1.8)$$

（5）功率预算。在雷达中，功率预算通过考虑发射器经过介质（自由空间、电缆、波导等）到接收器的所有增益和损耗，建立接收功率与发射功率之间的关系。

功率预算是通过所谓的雷达方程建模的，可以表示为

$$P_R = \frac{P_T G_T G_R \sigma \lambda^2}{(4\pi)^3 (R_T + R_R)^2 L} \qquad (1.9)$$

式中：P_R 为接收回波功率；P_T 为发射功率；G_T 和 G_R 分别为发射器和接收器的天线增益；σ 为目标反射率系数（通常以 m^2 为单位）；λ 为发射波长；R_T 和 R_R 分别为目标发射器和目标接收器的距离；L 为系统（发射器、接收器、传播信道）损耗。

通常，接收到的回声信号会受到附加噪声的影响，这可能会影响雷达的侦测性能。

雷达的侦测性能取决于信噪比（SNR），该信噪比又与接收的回波能量 E_s 和噪声平均功率有关。信噪比定义为

$$\text{SNR} = \frac{E_s}{P_n} \qquad (1.10)$$

如果是脉冲雷达，则表示为

$$\text{SNR} = \frac{P_R T_i N}{N_0/2} = \frac{P_T T_i G_T G_R \sigma \lambda^2}{(4\pi)^3 (R_T + R_R)^2 L(N_0/2)} \qquad (1.11)$$

式中：$T_i \cdot N = T_{int}$ 为观察时间。

在存在附加噪声的情况下侦测缓慢波动的点目标，可以公式化为二元假设问题：

$$\begin{cases} H_0 : r(t) = n(t) \\ H_1 : r(t) = x(t) + n(t) \end{cases} \qquad (1.12)$$

式中：$n(t)$ 为高斯噪声信号；$x(t)$ 为目标回波信号；$r(t)$ 为接收信号；H_0 和 H_1 分别为原假设和替代假设。

为了确定目标是否存在，对从接收信号 $r(t)$ 变换得出的决策统计数据执行阈值操作，即

$$M(r(t)) \gtrless \lambda \qquad (1.13)$$

式中：$M(\cdot)$ 为应用于接收信号的变换，该变换将接收信号映射到决策统计数据，然后将决策统计数据与适当的阈值进行比较。

雷达侦测中常用的决策统计数据是匹配滤波器（MF）输出的绝对值（或绝对平方）。匹配滤波器是一个低通滤波器，可确保在目标延迟时间附近在其

输出端获得最大信噪比。匹配滤波器脉冲响应是发射信号的反向共轭，即

$$h(t) = s^*(-t) \tag{1.14}$$

由于接收到的信号是发送信号的延迟和衰减副本，因此匹配滤波器的输出与发送信号的自相关函数成比例，即

$$C_{S_T}(t) = s(t) \otimes s^*(-t) \tag{1.15}$$

附加噪声的存在决定了决策的不确定性。雷达的侦测性能是通过侦测概率 P_D 和虚警率 P_{FA} 衡量的。两者都是条件概率。侦测概率是正确侦测目标的概率（如假设 H_1 下决定 H_1 的概率），并且是信噪比和 λ 的函数，即

$$P_D = Pr\{H_1 \mid H_1\} = f(SNR, \lambda) \tag{1.16}$$

相反，虚警概率是当目标不在观察区域中时侦测目标的概率（如在假设 H_0 下决定 H_1 的概率），并且是 λ 的函数，即

$$P_{FA} = Pr\{H_0 \mid H_1\} = f(\lambda) \tag{1.17}$$

1.2.2 雷达系统架构

图1.1 说明了雷达系统图。雷达信号由发射器（由两个主要模块组成，即波形生成和放大器）生成，并由天线辐射。双工器允许将单个天线用于发送和接收（脉冲波形的情况下）。天线收集目标（来自雷达）反向散射的回波，接收器进行侦测。回波能量的侦测显示了存在某种目标，并且将接收到的信号与发送的信号进行比较，即可估算目标信息（相对于雷达的目标位置、大小、形状和速度）。然后将信号和数据处理的结果显示在显示器上[1]。

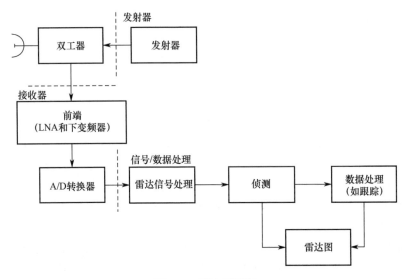

图1.1 雷达系统图

发射器应产生所需的射频平均功率和峰值功率，并且必须保证适当的射频

稳定性以满足信号处理要求。发射器可以初步分类为两种。

（1）功率振荡器发射器（POT）。在该系统中，通常是磁控管的功率振荡器会产生射频脉冲。功率振荡器由大功率直流脉冲能量发生器控制。由于磁控管的频率随温度变化而缓慢漂移，因此通常使用自动频率控制来将接收器调谐到发射器的频率。

此外，由于磁控管是振荡器，因此每个脉冲的起始相位在脉冲之间是随机的。无论磁控管是否用于相干雷达系统中，都应在接收器中适当解决此缺点。在此种情况下，磁控管的相位会在接收器处设定相干振荡器（COHO）的相位。这样接收到的信号在脉冲之间是相干的。

（2）功率放大器发射器（PAT）。在此种情况下，波形发生器用于在中频（IF）上生成发射信号。它可以通过驱动所载微波信号的幅度和相移来生成预定义的波形。然后通过使用放大器（特高频功率放大管、速调管或固态放大器）获取必要的功率。

表1.1总结了两种发射器的主要技术特性。

表1.1 典型发射器的主要技术特性[2]

发射器	特性	最高频率/GHz	峰值/平均功率	增益（典型值）/dB	带宽（中心频率百分比）/%
POT	磁控管	95	1 MW/500 W@10 GHz		10
POT	冲击二极管	140	30 W/10 W@10 GHz		5
POT	扩展相互作用振荡器	220	1 kW/10 W@95 GHz		最高4
PAT	扩展相互作用速调管	280	1 kW/10 W@95 GHz	40~50	最高1
PAT	速调管	35	50 kW/5 kW	30~60	最高10
PAT	固态硅（BJT）	5	300 W/30 W	5~10	最多15

接收器的主要功能：①通过天线系统侦测弱回波；②充分放大它们；③侦测脉冲包络；④将它们馈送到信号/数据处理单元。

所有雷达接收器均采用超外差架构，对应图1.1中的"前端"模块。

接收器信号首先通过低噪声放大器放大，然后通过与本机振荡器（LO）频率混合，将信号转换为中频。为了达到最终的中频，而不会出现严重的图像或杂散频率问题，可能需要多个转换阶段。特别是，本机振荡器影响雷达系统的相干度。

非相干雷达不需要相位相干。它们只需要时间同步，这可以通过全球定位系统（GPS）设备和频率同步来保证。如果需要一定程度的频率稳定性，则在发射器和接收器之间使用自动频率控制网络，以校正本机振荡器的频率漂移。

图1.2描绘了用于示意性表示相干雷达的通用示意图。

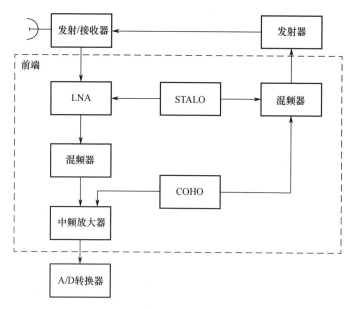

图 1.2 相干雷达前端

相干振荡器生成参考单色信号。相干振荡器的设计是为了在整个处理时间内保证合适的频率稳定性，即 $T_{int} = T_R$。由相干振荡器生成的信号分别通过稳定的本机振荡器（STALO）向上变频或向下变频为发射器和接收器中的发射频率或中频。

相对于相干振荡器，要求稳定的本机振荡器具有较低的频率稳定性。实际上，稳定的本机振荡器必须在较短的时间间隔 T_R 中保证一定程度的频率稳定性。

前端的最后一级是中频放大器，它放大中频处的信号。

1.3 雷达功能和应用

雷达可以按下列主要特征进行区分，即架构配置、发射波形、平台、目标响应、信号处理、工作频率、功能和应用。

以下简要回顾一下雷达的主要特征和根据这些特征对雷达进行分类的方式。

（1）架构配置确定了发射器和接收器在空间中的放置方式。雷达架构的示例是单基地、双基地和多基地雷达。在单基地雷达中，发射器和接收器位于同一位置。相反，在双基地雷达系统中，发射器和接收器不在同一个位置，并且必须有适当的时间和/或相位同步网络来处理接收到的信号。

（2）发射波形表示信号通过传播介质的传输方式。根据波形，我们可以将雷达划分为脉冲雷达、多普勒雷达、连续波雷达、调制脉冲雷达和频率调制连续波雷达（图1.3）。

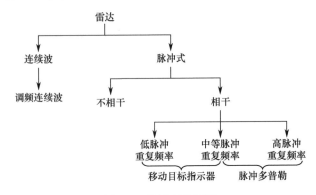

图1.3 按波形分类[3]

（3）平台是安装雷达系统的支撑。通常使用的平台是地面站、飞机和卫星。雷达平台可以是固定式的，也可以是移动式的，通常取决于地面站的情况。

（4）目标响应。根据目标响应，雷达可以分为主雷达和辅助雷达。主雷达根据反射的目标回波侦测并定位非合作目标。相反，除了目标的位置和速度之外，辅助雷达还可以恢复有关目标的其他信息，如其身份、高度等。为此，辅助雷达依赖于配备有雷达应答器的合作目标。雷达应答器通过发送包含编码数据的响应，答复发送到雷达的信号中的每个询问。

（5）信号处理是处理接收到的信号以提取有关侦测到目标的信息的方式。信号处理受到雷达架构的限制，特别是受接收器和天线系统的相干性级别限制。基于信号处理算法，可以将雷达系统分为相干、非相干和相控阵。

（6）工作频率：高频（HF）、甚高频（VHF）、特高频、L频段、S频段、C频段、X频段、Ku频段和Ka频段。具体而言，我们分配了每个工作带宽以完成确定的雷达工作模式。频段名称和雷达使用间的关系如表1.2所列。

表1.2 雷达频段及其使用[1,3]

频段名称	频率范围	用法
高频	3～30MHz	OTH监视
甚高频	30～300MHz	远程监控
特高频	300～1000MHz	远程监控
L频段	1～2GHz	远程监控途中交通控制
S频段	2～4GHz	中程监视终端交通控制远程天气

(续)

频段名称	频率范围	用法
C 频段	4~8GHz	远程跟踪机载天气侦测
X 频段	8~12GHz	短程跟踪导弹制导、制图、航海雷达机载拦截
Ku 频段	12~18GHz	高分辨率测绘卫星测高仪
K 频段	18~27GHz	很少使用（水蒸气）
Ka 频段	27~40GHz	超高分辨率地图机场监视
毫米频段	40~100+GHz	实验性

雷达系统分类的另一种方法是基于其功能和应用。在 1.3.1 节和 1.3.2 节中将详细介绍此种分类。

1.3.1 雷达功能的定义

众所周知，雷达的主要功能是侦测、搜索和跟踪。基于这些主要功能，我们可以定义其他雷达功能，这些功能可以使系统完成各种任务和应用。

下面列出了主要的雷达功能[4]。

1. 侦测与搜索

这些功能提供有关被测区域内存在目标的信息。通过接收回波的处理来执行侦测操作。具体而言，这是基于在接收器输出处建立阈值。如果接收器的输出足够大，超过阈值，则认为存在目标。如果接收器输出的幅度不足，未超过阈值，则仅表示存在噪声，称为阈值侦测。需要重点强调的是，该步骤基本上是从杂波和/或噪声中"识别"目标信号。

2. 跟踪

此功能通过使用返回回波信号提供目标的曲线图和轨迹。雷达可以估计被跟踪物体的航向、目标速度和最接近点。雷达跟踪器试图确定应使用哪些曲线图来更新轨迹。第一步包括将所有现有轨迹更新为实际时间，以便根据最新状态估计（如位置、航向、速度、加速度）和假设的目标运动模型（如恒定速度、恒定加速度）预测新位置；第二步是在更新估算值后尝试将图与轨迹关联。为了完成此任务，我们采用了一套复杂的算法，如恒定的虚警率。这些复杂算法的应用使系统也能够在恶劣的环境中（在存在非均匀分布的混乱情况下，甚至在存在干扰情况下）跟踪目标。

3. 成像

此功能旨在生成观察对象或区域的二维雷达图像。这些图像将用于多种目的，如侦测和分类。根据雷达的可用资源，此步骤将生成聚焦良好的高分辨距离像（HRRP）或运动目标的二维逆合成孔径雷达（ISAR）图像（图 1.4）。为了生成二维逆合成孔径雷达图像，应将慢时域中的雷达脉冲进行相干积分。

这意味着雷达必须跟踪目标一段时间。此步骤主要由子块组成，如图像聚焦和图像形成[5-10]。参考文献［11］中可能定义了一些质量指标，以在将它们用于分类之前，评估高分辨距离像或二维逆合成孔径雷达图像的质量。质量指标应同时测量雷达图像的质量（如聚焦度）和用于分类的质量（如将用于分类的特征质量，即目标形状、散射体数量等）。

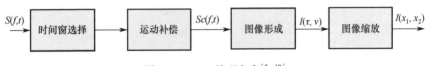

图 1.4　ISAR 处理方案[5-10]

4. 分类和识别[12-16,41,42]

识别过程旨在识别被测目标的类型（如船舶而非飞机）或从其他物体中（城市汽车而非卡车）中识别出一类目标。该过程利用了分类功能。分类包括利用训练数据中学习规则或模型的过程，概括已知的结构并使用这些规则对新数据进行分类。在雷达应用领域中，分类项是指初步识别，即将目标与诸如飞机、轮式车辆等元类物体进行匹配的能力。

存在两种用于实现目标分类和识别的技术。

（1）"模型匹配技术（MM）"。该技术基于通过接收信号获得的图像与属于一组模板的参考图像间的直接匹配[14]。这要求必须建立详尽且一致的数据库。为了完成此任务，数据库必须包含各种目标几何形状的模板。为了使分类器与成像几何形状（如目标纵横比）充分匹配，我们需要满足该要求。

建立数据库后，将目标识别为相对于模板更好匹配重建图像的目标。通过匹配指标的定义，即匹配得分[15]，我们可以给出比较成功的度量，该指标在最一般的情况下是基于两个图像（带有被测目标的图像以及数据库中的图像）之间的相关系数。虽然此方法在概念上很简单，但主要问题与数据库大小有关，而数据库大小直接取决于目标类的数量和潜在的自由度。

（2）"基于特征的技术（FB）"[4,13,16]。该技术克服了模型匹配技术的局限性。实际上，分类是通过使用一组特征进行的，这些特征是目标类的唯一特征，并且构成特征数据库或特征空间。特征选择（如几何特征、极化特征等）是在分类之前要执行的重要任务，因为分类器的性能取决于所选特征。

基于特征的技术分类算法如图 1.5 所示。

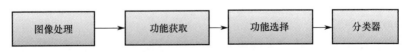

图 1.5　基于成像处理的分类处理高级架构

基于特征的技术方法包括将重建图像中执行的特征与数据库中的一组特征进行比较。当处理后图像设置的特征与数据库中特定类特征之间存在良好匹配时，将识别出属于该类的目标。因此，我们可以看出基于决策规则分类将特征空间划分为几个类别。从数学的角度来看，此方法包括获取输入向量 $X = \{X_1, X_2, \cdots, X_N\}$，$N$ 为要素的数量，并将其分配给其中一个 M 离散类 $C_m = \{c_1, c_2, \cdots, c_M\}$。输入向量（即特征向量）用于学习分类器，而标记对象 c（输出向量）指定输入类别。分类器必须利用具有 N 个标记示例 $D = <X, C>$ 的数据集，即训练数据，以建立可以正确预测输入变量新值类标签的假设。这样做即可找到确定利用最佳方式、适合训练数据的函数。需要重点强调的是，当所使用的模型过于适合训练数据时，可能会出现过度拟合的问题。换句话说，分类器可能已经记住了训练示例，但是还没有学会概述新情况。相反，当模型由于使用了过于简单的模型而无法很好地拟合数据时，就会发生欠拟合。机器学习中的功能称为激活函数或判别函数，并且表面是决策表面。这些区域将输入空间封闭到特征空间内的决策区域中。只要判别函数是线性函数，决策面就是超平面（图 1.6）。

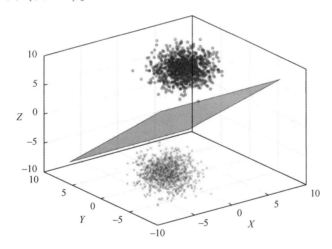

图 1.6　三维特征空间和决策边界中的两个类别分类

我们可以使用数种方法确定决策面，如贝叶斯分类器、支持向量机分类器和神经网络分类器[43]。

5. 天气观测

此过程处理大气现象，尤其是天气条件，以便侦测、识别和测量降水事件、风参数和其他气象影响。

这些只是雷达功能的一些示例。总之，在侦测操作之后，可能需要执行分类步骤以识别侦测到的目标。为满足此目的，我们可以执行成像操作以便获取有关目标的有用信息以对其进行分类。此过程可用于识别气象现象，并且更广泛地应用于遥感和非合作目标识别（NCTR）。

1.3.2 雷达类别和功能

如前所述,要特别注意雷达功能,进而区分不同的雷达类型。具体而言,雷达类别按 1.3.1 节中定义的每个功能分组。因此,在不失一般性的前提下,我们可以确定以下雷达系统[1,3]。

1. 侦察探测和搜索雷达

搜索雷达用短无线电波脉冲扫描大范围区域。这些系统通常每分钟扫描 2~4 次,以提供有关目标的距离和方位角的信息。根据天线的功能,可能会或可能不会提供有关目标高度的信息。角扇区和雷达范围取决于雷达特性。例如,方位角可以在 90°~360°之间变化,而对于雷达范围,通过高频超视距雷达甚至可以达到数千千米。

2. 跟踪雷达

跟踪雷达利用在有限范围内的有限角度扇区(如 20°~30°)上进行扫描来侦测和跟踪多个目标。跟踪雷达包括以下几种。

(1) 单跟踪器雷达(单目标跟踪器(STT))。这些雷达以快速的数据速率一次跟踪单个目标,从而可以精确跟踪机动目标。

(2) 自动侦测与跟踪(ADT)雷达。这些雷达同时跟踪多个目标(如数百个/几千个目标)。

(3) 相控阵雷达跟踪。该雷达以高数据速率(如 STT)跟踪多个目标。光束在几微秒内从一个角度位置电子切换到另一个角度位置。

(4) 边扫描边跟踪雷达。这些雷达以有限的数据速率在有限的角扇区上同时跟踪和搜索。与自动侦测与跟踪雷达类似,一次可以处理多个目标。它用于快速扫描方位角和仰角中的狭窄角扇区,可以使用单个窄射束宽度的笔形波束或两个正交扇形束(一个用于方位角,另一个用于仰角)进行扫描。

3. 成像雷达

合成孔径雷达(SAR)、二维逆合成孔径雷达和侧视机载雷达(SLAR)称为成像雷达。合成孔径雷达用于机载或卫星平台。通过在观察时间上对目标或场景的顺序接收信号进行相干处理,可以实现跨范围的高分辨率。二维逆合成孔径雷达系统与合成孔径雷达相似,不同之处在于它利用了范围内的高分辨率以及目标与平台间的相对运动来获得多普勒域和跨范围的高分辨率。侧视机载雷达通过利用窄波束宽度的天线,可在范围和跨范围内提供高分辨率。成像雷达的输出通常是目标或场景的二维图像。

4. 分类和识别雷达

自动目标识别和 NCTR 系统尝试将目标自动分类为一组类中的一个。

5. 气象雷达

气象雷达也称为气象监视雷达和多普勒气象雷达,功能类似于搜索雷达。

气象雷达使用的极化方式有水平极化、双重极化（水平和垂直）或圆极化。气象雷达的频率选择是一种折中选择，这是基于降水反射率和大气水蒸气造成的衰减。目的是定位降水、计算其运动并估算其类型（如雨、雪、冰雹等）。现代气象雷达主要是脉冲多普勒雷达，除了探测降水强度外，还能够探测雨滴的运动。我们可以对这两种信息进行分析，确定风暴的结构及其造成恶劣天气条件的可能性。

1.3.3 雷达应用

雷达系统涵盖了多学科的应用，这些应用在许多领域都是多样化的，其中最重要的领域如下。

1. 军事应用

军事应用涉及如防空和战场雷达。

（1）防空领域包括致力于探测空中目标并确定其位置、航向和速度的所有行动。防空空域以360°扫描角度可延伸500km。

（2）战地包括搜索、侦测和跟踪受限区域内未知的移动目标。

2. 遥感应用

遥感应用包括天气观测、行星观测、地下探测和海冰测绘。

3. 空中交通管制应用

空中交通管制向在其领空内运行的所有私人、军用和商用飞机提供服务（如空中交通监控和机场周围及途中的区域气象制图）。

4. 执法与公路安全应用

此应用可以提供各种服务（如速度测量、在有障碍物或车辆后面或盲区中有人的情况下启动应对措施）来增强道路基础设施的安全性。

5. 飞机安全和导航应用

此应用可以提供各种服务（例如，对机场天气进行地图绘制，以对降水和风切变、地形回避区域进行分类）来增强航空基础设施的安全性。

6. 船舶安全应用

船舶安全在监视港口和河流交通领域中依靠雷达系统，确保在能见度不佳的情况下进行一定水平的航行并减少海上事故。

7. 空间应用

空间应用利用雷达系统为航天器计时和登陆月球，从而实现行星探索。此外，地基部分还用于探测和跟踪卫星、空间碎片以及射电天文学。

8. HRR应用

此应用包括通过墙和海洋成像、汽车安全和医疗诊断的安全和边界监视。

图1.7描绘了每种提到的应用功能中的一些商用雷达系统。

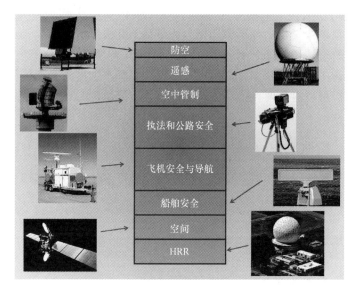

图 1.7 雷达系统及其应用

1.3.4 雷达功能

为清楚起见，表 1.3 描述了如何在应用领域（见 1.3.2 节）中使用各种雷达功能（见 1.3.1 节）。

表 1.3 雷达功能和应用

雷达功能	雷达应用
侦测与搜索	所有
跟踪	军事、遥感、执法、导航、船舶安全、太空
影像学	军事、遥感、执法、导航、船舶安全、太空、HRR
分类识别天气	军事、遥感、导航、太空、HRR

1.3.5 现代雷达的概念

微波雷达领域的当前研究主要面向具有下列特征的雷达系统的设计和开发：高性能、稳健性和可靠性、重量轻、尺寸和功耗低、适应性强并且拥有联网功能。

目前存在许多需要创新的高性能雷达的新应用[17]，其中一些主要应用如下。

（1）航天器和/或飞机（包括无人飞行器）高性能雷达系统，主要在某些领域内用于遥感和安全（如海上和河流交通管制、微量溢油侦测、滑坡监测、海岸侵蚀、机场表面小目标侦测、城市和郊区汽车交通管制等）。

（2）通过高达厘米级的高分辨率目标成像和/或利用极化特征，对未知的空气、地面和/或地下目标进行侦测、分类和识别。

（3）包括卫星和碎片在内的空间目标的高侦测性能和跟踪精度。

对于上述应用，新雷达必须在各种不同条件下运行，这些条件可能会在空间和时间上快速变化。实际上，地理位置、形态、城市化水平以及要侦测和跟踪的目标类型因情况而异。因此，现代雷达应该具有适应性，朝此方向迈出的第一步是能够对运行环境进行非常详细的描述，并在运行期间对其进行更新。在现代雷达系统中，适应性实施的有效性需要接收器和发射器子系统的共同参与。这是朝着实现认知雷达系统挑战性想法[18]的基本需求，这意味着以下一些问题。

（1）通过感知环境实现能够学习的高级信号处理。

（2）利用来自雷达接收器的反馈，以有效、可靠的方式调整发射器参数。

（3）感知与雷达回波相关的信息。

从以前的高级要求可以推断，学习是实现认知雷达的关键。首先在实验活动期间收集真实数据是建立有关环境知识的基本方法；然后通过对获取的雷达数据进行统计分析来进行学习[19,20]。

从认知雷达的应用来看，提供显著优势的主要雷达类别之一是多功能雷达[21]。相控阵天线技术和计算能力领域的不断发展使同一先进雷达系统中的多种功能得以结合。在单个雷达中集成多种功能（如侦测、跟踪、监视、成像和武器制导）的可能性可以显著降低总体系统成本，同时可以提高雷达性能。重要的是要注意到多功能雷达需要是多频带的，旨在满足多种需求，如实现远程覆盖、窄天线波束形成、宽信号带宽以及对海洋和天气杂波的高度抵抗力。从技术角度来看，实施多频带雷达意味着能够以非常灵活的方式在从低频到极高频频带的载波上生成相位稳定的射频信号[22]。在接收器端，射频前端和 A/D 转换器（ADC）要求具有相同级别的可重配置性和精度[23]。

1.3.6　从单个雷达单元到雷达网络拓扑

现代雷达系统在进一步的发展后，需要在雷达网络中进行协作，以提供增强的侦测、跟踪和 ATR 性能。雷达网络的主要优点来自更高的系统弹性和更多的可用信息（由于观察多个不同发射器接收器对的目标）。

我们可以将多基地雷达系统定义为具备某种功能的系统，可以将数个分开的发射站和接收站耦合在一起以进行协作目标观测。

雷达网络有望受益于雷达间的空间分隔。雷达网络的主要优点如下。

（1）隐身和低可探测目标的更高侦测能力。

(2) 使用多个接收器/发射器对的可能性为定制覆盖范围和更丰富信息源提供了潜力，实现更准确的位置、高分辨率成像和目标识别。

这些优势所要付出的代价是系统复杂性和处理能力的增加，特别是同步和波束指向更加难以实现。

描述多基地系统特征的最重要特征（将其紧密联系）如下。

(1) 空间连贯程度。对于空间相干性，我们指的是在单独的站点中保持设备强大的相位稳定性，以及使用接收信号相位信息的能力。为了在发送和接收单元之间建立同步，必须有一个公共的时间和频率参考信号，并且在操作过程中应保持此种同步。当然，在并置的接收器和发射器共享同一本机振荡器的情况下，空间相干度很高。相反，在雷达网络中，由于发射器和接收器间的距离可能很大，因此可能难以建立和保持这种同步。这是多基地系统的主要缺点。

(2) 信息融合水平。信息融合水平描述了发射器和接收器间数据合并的阶段。信息集成级别的选择将受到雷达系统本身的空间相干程度和所需应用的影响。

根据相干级别，可以将多基地雷达分为三大类。

(1) 全相干系统。在整个处理间隔内，传输信号的时间、频率和相位完全同步。发射器和接收器之间也应保证相位、频率和相位同步。

(2) 短期相干系统。在采集时间内仅需要频率同步。允许传感器之间的相对相位偏移。在此种类型的系统中，需要在发射器和接收器间具有较高的相对频率稳定性，通常通过同步链接（如无线电、光纤等）来实现。每个双静态对都需要此水平的相干。

(3) 不相干系统。分开的地面站之间仅需要时间同步。站名义上以相同的频率运行可能会出现此种情况，但使用单独的振荡器，例如，振荡器可能会经历不同的频率漂移。显然排除了任何相干处理算法，因此通常通过包络侦测移除相位信息。这些系统比相干系统更简单。然而，相位信息消除导致信息丢失，例如，不可能利用相干侦测处理或估计多普勒频移。

我们可以得出结论，维持高水平的相干系统会变得越来越复杂和昂贵。参考文献 [24] 对现代同步技术进行了全面总结。

从信息的角度来看，融合级多基地雷达可分为两大类。

(1) 集中处理。数据融合就是将来自各个独立收发器的信息进行融合，数据融合优先于任何的阈值确定和决策。当使用无线电信号集成级别时，来自不同节点的原始信号将会联合处理。如果使用视频信号集成级别，则数据的合并方式与无线电信号融合几乎相同，但在最终数据融合过程之前将相位信息丢弃。此种融合方法利用与非相干脉冲集成类似的方式通过非相干求和获得侦测优势。通常，在此种情况下，需要具有较大处理能力的数据链接。

（2）分散处理。每个发射器－接收器对分别进行单独的侦测。使用曲线图集成级别方法，我们可以在每个节点中做出有关目标存在或不存在的初步决定，而由于融合来自所有节点的初步决定而对融合中心做出最终决定。当采用轨道集成级别时，不仅在每个地面站中都应用侦测处理，而且还应用跟踪处理。空间分离节点的估计轨迹将会融合，消除了错误的轨迹，而真实的轨迹参数估计则利用了雷达网络的空间多样性。使用分散式集成时，所需的数据链路处理能力将大大降低。

通常，我们可以得出结论：一方面，当使用更高的信息集成级别时，可以获得更好的侦测性能；另一方面，系统变得更加复杂并且需要更高的处理能力。

1.4 当前雷达网络和未来的趋势

如上所述，雷达系统的发展趋势主要集中在需要极高性能的非常专业的应用中，如亚厘米级分辨率[25]或复杂目标的多光谱雷达成像[26]。下一代雷达要满足的其他基本要求是可重新配置性，这是在多种应用中利用多功能雷达系统所必需的。当雷达架构通过软件定义的雷达概念转向全数字实现时，灵活性和可重新配置性将非常有效[27,28]。

在当前的数字雷达系统中，信号传输和信号处理通常在中频或基带上进行[1]。直接数字合成器（DDS）产生高达几百兆赫兹的准确基带或中频雷达信号[1]，并使用倍频器[29-32]、具有本机振荡器的模拟混频器[33]或通过控制锁相环[1]向上转换为射频。在接收器处，使用经典的模拟混频器在中频处将信号向下变频，然后通过高性能 A/D 转换器（高等效位数（ENOB）、高无杂散动态范围（SFDR）、低功耗）进行数字化处理[30]。

目前，可以使用高达 6~7 GHz 用于生成信号的直接数字合成器[34]，但由于高无杂散动态范围低（约 30 dB）和相位噪声高，它们的性能较差。通常，在可接受的高无杂散动态范围（最高 54 dB）的 L 频段（1~2 GHz）[35]或 S 频段（2~4 GHz）[36]上直接生成射频。对于商用接收器，我们可以在甚高频（30~300 MHz）和 P 频段（250~500 MHz）的低频雷达上直接在射频上进行 A/D 转换[37]。当前的 A/D 转换器将允许全数字接收器在 L 频段工作，但是由于高等效位数和高无杂散动态范围低，因此性能会很差。实际上，已经存在具有高达 5 GS/s 的高采样率的商用高性能 A/D 转换器[38]，但它们的高等效位数等于 7~8 位，对于相干雷达而言相当低。另外，我们可提供高等效位数和高无杂散动态范围（分别高达 9~10 位和约 65 dB）更高性能的模数转换器，但是代价是采样率降低到 2 GS/s[39]。

这证实了可以成功实现高达 L 频段的全数字雷达接收器；然而，利用当前技术在高于 1~2 GHz 的频率上实现射频数字前端是不可行的。

在此种情况下，将传统雷达架构与新一代光子系统相结合的混合技术，似乎是实现全数字雷达的解决方案[23]。实际上，通过电光混合方法可以生成射频信号：线性电光调制器和激光源的高相位稳定性，使这些设备适合在雷达系统发射器部分产生具有优越相位稳定性的高频信号（从 C 频段到 W 频段），避免了常规雷达的问题，如前所述的低动态范围和高相位噪声。从接收器的角度来看，基于光子的数字化提供了高采样率、宽带宽、极低的抖动、与载波无关的性能，并有可能同时处理多个信号[40]。

1.5 小结

本章的开头简要回顾了雷达的工作原理，以及基本的雷达理论和术语。本章也介绍了传感器设计过程中要考虑的雷达主要参数，并描述了将主要雷达组件互连的高级框图。即使雷达的最初发展是在军事领域进行的，此技术后来也向民用领域发展，并提出了数种专用雷达配置。为此，本章的一部分专门介绍了雷达功能的定义，从而也涉及雷达类别的区分。由于现代应用提出了越来越高的要求和极高的性能要求，因此我们专门介绍了现代雷达的先进概念，这需要填补许多技术空白，并能够在快速变化的环境中运行。这些功能可以通过实施认知雷达来有效实现，认知雷达是指能够通过感知环境进行学习并因此调整发射器和接收器参数的系统。从认知雷达的应用来看，可以提供实质性优势的主要雷达类别之一是多功能雷达。在单个雷达中集成多种功能（如侦测、跟踪、监视、成像和武器制导）的可能性可以显著降低总体系统成本，同时可以提高雷达性能。实施多频带雷达意味着能够以非常灵活的方式在从低频到极高频带的载波上生成相位稳定的射频信号。在接收器端，射频前端和模数转换器需要相同级别的可重新配置性和精度。如果雷达架构通过软件定义的雷达概念转向全数字功能，则可以有效实现灵活性和可重新配置性。在此种情况下，将传统雷达架构与新一代光子系统融合的混合技术似乎是最有前途的解决方案。实际上，电光混合方法可在从 C 频段到 W 频段极宽的带宽内，保证生成非常稳定的信号。在接收器端，基于光子的数字化可提供高采样率、宽带宽、极低的抖动，以及同时处理多个信号。

参 考 文 献

[1] M. I. Skolnik, *Radar Handbook*, 3rd edn., New York, USA: McGraw-Hill Companies, 2008.

[2] R.C. Dorf, *The Electronic Engineering Handbook*, 2nd edn., CRC Press, 1997.

[3] D. Jenn, "Radar fundamentals," http://faculty.nps.edu/jenn/Seminars/Radar Fundamentals.pdf [Accessed 30 January 2019].

[4] Federation of American Scientists, "NATO AAP-6-Glossary of terms and definitions," https://fas.org/irp/doddir/other/nato2008.pdf [Accessed 2 July 2015].

[5] M. Martorella, E. Giusti, F. Berizzi, A. Bacci, and E. Dalle Mese, "ISAR based techniques for refocusing non-cooperative targets in SAR images," *Radar, Sonar & Navigation, IET*, vol. 6, no. 5, pp. 332–340, 2012.

[6] M. Martorella and F. Berizzi, "Time windowing for highly focused ISAR image reconstruction," *IEEE Transactions on Aerospace and Electronic Systems*, vol. 41, no. 3, pp. 992–1007, 2005.

[7] S. Brisken, M. Martorella, and J. Worms, "Multistatic image entropy based autofocus," in *Radar Symposium (IRS), 2013 14th International*, 2013.

[8] M. Martorella, F. Berizzi, and B. Haywood, "Contrast maximisation based technique for 2-D ISAR autofocusing," *Radar, Sonar & Navigation, IEE Proceedings*, vol. 152, no. 4, pp. 253–262, 2005.

[9] J. Walker, "Range-Doppler imaging of rotating targets," *IEEE Transaction on Aerospace and Electronic Systems*, vol. 16, no. 1, pp. 23–51, 1980.

[10] E. Giusti and M. Martorella, "Range Doppler and image autofocusing for FMCW inverse synthetic aperture radar," *IEEE Transactions on Aerospace and Electronic Systems*, vol. 47, no. 4, pp. 2807–2823, 2011.

[11] J. Steyn and W. Nel, "Using image quality measures and features to choose good images for classification of ISAR imagery," in *Radar Conference (Radar), 2014 International*, Lille, France, 2014.

[12] D. Blacknell and L. Vignaud, "ATR of ground targets: fundamentals and key challenges," *NATO Lecture Series SET-172*, pp. 1-1–1-32, 2013.

[13] P. Tait, "Automated recognition of air targets: fundamentals and jet engine modulation," in *NATO Lecture Series SET-172*, NATO, 2011, pp. 2-1–2-22.

[14] M. Martorella, E. Giusti, L. Demi, *et al.*, "Target recognition by means of polarimetric ISAR images," *IEEE Transactions on Aerospace and Electronic Systems*, vol. 47, no. 1, pp. 225–239, 2011.

[15] S. Musman, D. Kerr, and C. Bachmann, "Automatic recognition of ISAR ship images," *IEEE Transactions on Aerospace and Electronic Systems*, vol. 32, pp. 1392–1404, 1996.

[16] R. Touzi, "Target scattering decomposition in terms of roll-invariant target parameters," *IEEE Transactions on Geoscience and Remote Sensing*, vol. 47, no. 1, 2007.

[17] M. Richards, J.A. Scheer, and W.A. Holm, Principles of Modern Radar: Basic Principles, New York, USA: SciTech Publishing, 2010.

[18] S. Haykin, "Cognitive radar: a way of the future," *IEEE Signal Processing Magazine*, vol. 23, no. 1, pp. 30–40, 2006.

[19] S. Haykin, R. Bakker, and B.W. Currie, "Uncovering nonlinear dynamics: the case study of sea clutter," *Proceedings of the IEEE*, vol. 90, no. 5, pp. 860–881, 2002.

[20] M. Greco and F. Gini, "X-band sea clutter non-stationarity: the influence of long waves," in S. Haykin, Ed., *Adaptive Radar: Toward the Development of Cognitive Radar*. Hoboken, NJ: Wiley, 2006, ch. 5.

[21] S.L.C. Miranda, C.J. Baker, K.D. Woodbridge, and H.D. Griffiths, "Knowledge-based resource management for multifunction radar," *IEEE Signal Processing Magazine*, vol. 23, no. 1, pp. 66–76, 2006.

[22] F. Laghezza, F. Berizzi, A. Capria, *et al.*, "Reconfigurable radar transmitter based on photonic microwave signal generation," *International Journal of Microwave and Wireless Technologies*, vol. 3, pp. 383–389, 2011.

[23] P. Ghelfi, F. Laghezza, F. Scotti, *et al.*, "A fully photonics-based coherent radar system," *Nature*, vol. 507, pp. 341–345, 2014.

[24] M. Weib, "Synchronisation of bistatic radar systems," in *IGARSS 2004. 2004 IEEE International Geoscience and Remote Sensing Symposium, 2004*, pp. 1750–1753, vol. 3.

[25] K. B. Cooper, R. J. Dengler, N. Llombart, B. Thomas, G. Chattopadhyay, and P. H. Siegel, "THz imaging radar for standoff personnel screening," *IEEE Transactions on Terahertz Science and Technology*, vol. 1, no. 1, pp. 169–182, 2011.

[26] P. van Dorp, R. Ebeling, and A. G. Huizing, "High resolution radar imaging using coherent multiband processing techniques," in 2010 IEEE Radar Conference, Washington, DC, 2010, pp. 981–986.

[27] B. L. Cheong, R. Palmer, Y. Zhang, M. Yeary and T.Y. Yu, "A software-defined radar platform for waveform design," in *2012 IEEE Radar Conference*, Atlanta, GA, 2012, pp. 0591–0595.

[28] T. Debatty, "Software defined RADAR a state of the art," in *2010 2nd International Workshop on Cognitive Information Processing*, Elba, 2010, pp. 253–257.

[29] F. Yang, X.-H. Tang, and T. Wu., "The scheme and key components design of W-band coherent doppler velocity radar front-end," in *ASIC, 2007. ASICON '07. 7th International Conference on*, 22–25 October 2007, Hangzhou, China, pp. 356–359.

[30] P., Slawomir, "FMCW radar transmitter based on DDS synthesis," *in Microwaves, Radar & Wireless Communications, 2006. MIKON 2006. International Conference on*, 22–24 May 2006, Krakow, Poland, pp. 1179–1183.

[31] C. Wagner, A. Stelzer, and H. Jager, "A 77-GHz radar transmitter with parallelised noise shaping DDS," in *Radar Conference, 2006. EuRAD 2006. 3rd European*, 13–15 September 2006, Manchester, UK, pp. 335–338.

[32] T.E. Derham, S. Doughty, K. Woodbridge, and C.J. Baker, "Design and evaluation of a low-cost multistatic netted radar system," *Radar, Sonar & Navigation, IET*, vol. 1, no. 5, pp. 362–368, 2007.

[33] L. Zhai, Y. Jiang, X. Ling, and W. Gao, "DDS-driven PLL frequency synthesizer for X-band radar signal simulation, " in *ISSCAA 2006, International Symposium on System and Control in Aerospace and Austinautics*, 19–21 January, pp. 344–346.

[34] V.Y. Vu, A.B. Delai, and L. Le Cloirec, "Digital and super-resolution ultra wide band inter-vehicle localisation system," in *Communications and Electronics, 2006. ICCE '06. First International Conference on*, 10–11 October 2006, Hanoi, Vietnam, pp. 446–450.

[35] S.E. Turner and D.E. Kotecki, "Direct digital synthesizer with ROM-less architecture at 13 GHz clock frequency in InP DHBT technology," *IEEE Microwave Components Letter*, vol. 16, no. 5, pp. 296–298, 2006.

[36] B. Ferguson, S. Mosel, W. Brodie-Tyrrell, M. Trinkle, and D. Gray, "Characterisation of an L-band digital noise radar," in *Radar Systems, 2007 IET International Conference on*, 15–18 October, 2007, Edinburgh, UK, pp. 1–5.

[37] C.J. Peacock, G.S. Pearson, and W.N. Dawber, "Wideband direct RF digitisation using high order Nyquist sampling," in *Waveform Diversity & Digital Radar Conference - Day 2: From Active Modules to Digital Radar*, 2008 IET, 9–9 December, 2008, London, UK, pp. 1–6.

[38] R.L. Thompson, E.L.H. Amundsen, T.M. Schaefer. P.J. Riemer, M.J. Degerstrom, and B.K. Gilbert, "Design and test methodology for an analog-to digital converter multichip module for experimental all digital radar receiver operating at 2 Gigasamples/s, *IEEE Transactions on Advanced Packaging*, vol. 22, no. 4, pp. 649–664, 2006.

[39] E2V EV10AQ190 – 5 Gsps for one channel – Data sheet.

[40] G.C. Valley, "Photonic analog-to-digital converters." *Optics Express*, vol. 5, no. 15(5), pp. 1955–1982, 2007.

[41] T. Cooke, M. Martorella, B. Haywood, and D. Gibbins, "Use of 3D ships-catterer model from ISAR image sequences for target recognition," *Elsevier Digital Signal Processing*, vol. 16, pp. 523–532, 2006.

[42] M. Martorella, E. Giusti, A. Capria, F. Berizzi, and B. Bates, "Automatic target recognition by means of polarimetric ISAR images and neural networks," *IEEE Transactions on Geoscience and Remote Sensing*, vol. 47, no. 11, pp. 3786–3794, 2009.

[43] C.M. Bishop, *Pattern Recognition and Machine Learning*, Berlin, Germany: Springer, 2007.

第 2 章

电子战系统及当前问题

毛里齐奥·杰玛（Maurizio Gemma）[①],
安东尼奥·塔夫托（Antonio Tafuto）[①], 马可·巴托奇（Marco Bartocci）[①],
丹尼尔·奥诺里（Daniel Onori）[②]

2.1 组织及要点

本章回顾电子战（EW）系统的概念和当前的实现情况。进行逻辑分类之后，将考虑提供电子支援、攻击和保护的系统，同时重点强调每个系统的优势和未解决的问题。

2.2 电子战场景

电子战系统旨在控制和使用电磁频谱来感知可能的威胁，通过频谱阻止敌人的袭击并确保通信安全[1]。这些平台的作用是消除或缓解敌对威胁的效能。此种敌对威胁出现在雷达/导航系统、红外传感器以及电信设备构成的敌对情况中[2]。

例如，电子战装备的典型目标是侦测由雷达威胁产生的信号，并重新辐射回工程干扰信号以欺骗、掩盖或改变真实的回波信号，并向跟踪算法提供错误的信息[1,2]，以便采取措施。

（1）敌人无法发现并找到己方平台。

（2）敌人无法发射终端威胁（如导弹）。

（3）如果成功发起了终端威胁，则无法接受的错误将会破坏自动导航。

一般而言，在电子战系统中，我们确定三个主要任务。

（1）电子支援（ES）行动收集在拥挤的场景中侦测和识别潜在敌对源所需的数据。

---

① 意大利罗马 Elettronica SpA。

② Institut National de Ia Recherche Scientifique（INRS）- Energie, Matériaux et Télécommunications, Montréal, Québec, Canada。

（2）电子攻击（EA），以前称为电子对抗措施（ECM），通过向敌人的电子系统发射定制的电磁信号来破坏它们。

（3）电子保护（EP），以前称为电子反对抗措施（ECCM），可以保护军队免受任何电磁威胁（如敌方和己方的电子攻击）。

电子战装备提供的苛刻功能需要高性能的接收/发送设备（收/发器），其中主要组件如下。

（1）具有波束控制功能的宽带天线或天线阵列。

（2）接收器子系统，能够提供数字输出消息（称为脉冲描述符字）以及侦测到的威胁频率、幅度、脉冲宽度等信息。

（3）发射器，能够产生射频信号，目的是阻止或欺骗产生敌方电磁威胁的系统。

（4）处理器，执行收集、分析和识别威胁。

在本章中，我们将描述用于实现上述电子支援、攻击和保护任务的主要架构和技术。

此处描述通用威胁的组织方式也是很有用的。从此角度来看，针对平台的进攻行动可以分为如下步骤。

（1）侦测、识别和定位平台。

（2）向平台发起终端威胁。这可以通过火控系统或导弹系统来实现。导弹可以通过不同的平台进行发射，如舰船、潜艇和飞机。

（3）跟踪对目标的终端威胁。终端威胁通常由惯性导航系统引导，可以选择是否进行途中修正。

在攻击末端，导弹导引头必须准确跟踪目标，以生成返回目标平台所需的正确信息。因此，为了确保能够击中目标，导弹在其路线的最后阶段会接通导引头，以跟踪目标并转向目标。为此，使用最广泛的导引头属于射频类型，因为它们是"全天候"应用。相反，电光类型的导引头在起雾或冒烟的情况下会出现问题，如果射频主导引头由于电子攻击而无法工作，它们通常用作备用系统。

需要在此处强调的是通用军用射频系统包括雷达型发射器和通信型发射器[1-3]。雷达型发射器安装在监视和武器系统上的潜在危险是不言而喻的。另外，目前的军事行动的特征包括利用稳定且安全的通信网络，将多媒体信息实时传输到固定站和移动站，从而为网络的所有要素提供详细的快速命令链和更新的完整情况。因此，通信型射频发射器与军用雷达系统并排放置，并且电子战装备将其视为可能的威胁。

2.3 电子支援接收器

电子支援接收器是一种系统，该系统可以侦测、分类、识别和定位雷达、监视、武器系统以及环境中军事装备的通信设备产生的射频威胁[1,4]。

一方面，专用于雷达发射器侦测的电子支援传感器和专用于通信分析的电子支援传感器具有相当不同的要求，因为在这两种应用中使用的波形工作频率不同。实际上，雷达信号在高频（大于 1GHz）下运行，并且通常基于周期性的短脉冲。因此，宽带电子支援雷达传感器执行的主要功能，必须在非常短的时间内执行，然后快速武器系统才能成为威胁[1,2,5]。

另一方面，在通信发射器中，波形通常基于扩频信号，电子支援通信接收器需要更长的采集和分析时间才能解密隐藏信息。过去，相对于雷达类型，通信型发射器通常在较低的载波频率（通常小于 1GHz）下工作。但是，由于通信威胁的频率不断增加，如今，用于雷达和通信型发射器的电子支援接收器共享非常相似的架构。

此外，由于数字技术的显著进步，电子战传感器的当前趋势是使用数字接收器，它们利用其简单的可重新配置功能来适应雷达和通信信号的情况。

2.3.1　雷达发射器的电子支援接收器

通常，监视和武器系统的雷达型发射器以高频率（通常大于 1GHz）运行，以利用定向天线进行目标方向测量。它们使用脉冲或连续波（CW）的相位或频率调制波形，利用脉冲压缩技术来提高目标距离测量的准确性。在所谓的频率变化带宽内，信号波形的载波频率可以按照特定的模式进行更改，甚至在脉冲间变化，以提供抵抗敌人对策的鲁棒性。

在上述情况下，电子支援雷达接收器可以根据其应用分类如下。

（1）雷达警告接收器（RWR）。雷达警告接收器会警告威胁发射系统的存在，并在传感器的空间和频率范围内确定它们的到达方向（DOA）。

（2）电子支援措施（ESM）接收器。电子支援措施接收器侦测到达方向并将传感器空间和频率范围内的所有雷达辐射器分类。

（3）电子情报（ELINT）接收器。电子情报接收器可以对雷达发射器的所有特性（如频率和波形图）进行长时间而准确的测量，以便收集分析和建模相关威胁所需的数据。这些数据用于更新两种先前传感器类型（雷达警告接收器和电子支援措施）的发射器库，以正确识别威胁。

这些电子支援架构及其操作需求在 2.3.4 节中详细讨论。

2.3.2　通信发射器的电子支援接收器

目前，军事任务需要强大而安全的通信网络，该网络可以在固定站和移动站之间实时传输多媒体数据，从而为网络的所有节点提供有关场景的全面和更新的信息。

过去，相对于雷达类型，通信型发射器通常以较低的频率（通常小于 1GHz）工作。但是，当今它们正朝着更高的频率发展，以使用更宽的信号带宽并增加通信信道的数量。

通信威胁实际上遍布整个射频频谱。相对于雷达发射器，它们通常利用较长的射频波形，很少以脉冲猝发的形式使用调制振幅相位或频率。它们通常使用扩频和/或跳频策略，这在通信上等效于雷达脉冲压缩和频率捷变技术，因为它们都用作抗干扰或抗干扰技术。

在上述情况下，电子支援通信拦截系统划分如下。

（1）通信电子支援措施（CESM）设备，前提是它们必须捕获射频信号、侦测到达方向并对所有通信发射器进行分类。

（2）通信情报（COMINT）系统，前提是它们必须长时间检查威胁信号，通过对通信发射器的所有特征进行长时间而准确的测量，提供发射特征和场景的智能分类。

通信电子支援措施系统的任务是在周围环境中搜索、拦截、识别和分类通信信号，实施可能的电子战对策，如相关网络节点的定位、分析或干扰。但是，由于多种原因，这些任务通常具有挑战性。首先，需要提供数个己方或民用通信设备。其次，由于现代军事通信设备采用了先进的技术来实现低截获概率（LPI）操作，如扩频加密编码信号的直接数字合成和智能跳频。

对于通信情报设备，其主要任务是记录来自威胁发射系统的通信信号，对隐藏信息进行连续解密，并分析其低截获概率特征，设计出最合适的干扰对策。

2.3.3　基本电子支援传感器架构

通常，宽带接收器确定立即覆盖 I 频段（8～10GHz）或 J 频带（10～20GHz）或两者，而全开设备则在雷达威胁的整个射频频段内运行，范围是从 D 频段到 J 频段或 K 频段（1～40GHz）。通常，瞬时测频（IFM）接收器还支持宽带接收器，该接收器可用于估计侦测到的信号的载波频率。此外，窄带侦测器可以高灵敏度地感测频谱的狭窄部分，并且通常可以在 D 频段到 J 频段（1～20GHz）范围内扫描[4]。根据这些定义，以下列出了电子支援接收器的五种常见配置。

（1）晶体视频接收器（CVR），基于多个宽带传感器的全开放式或宽带通道化。

（2）超外差接收器（SHR），扫频窄带或扫频宽带。

（3）信道化接收器（CHR），其中所需的宽带频率覆盖范围分为许多具有高灵敏度和动态范围的窄带超外差接收器信道。

（4）转换接收器（TR），如布拉格单元、微扫描或压缩接收器。

（5）提示接收器，它们是以前架构的混合配置。

表2.1描述了电子支援接收器的主要功能的比较。下面，将详细描述不同的配置。

表2.1 电子支援接收器主要功能比较表

参数	接收器类型				
	晶体视频接收器	超外差接收器	信道化接收器	转换接收器	提示接收器
瞬时 B_{RF}	优秀	差强人意	好到优秀	好	优秀
灵敏度	差强人意	好到优秀	优秀	好	优秀
同时信号处理	较差	差强人意	好	好	好
动态范围	差到一般	优秀	好	好	优秀
信号参数测量精确度	一般	好	好	好	优秀
配置复杂性和成本	低到中	中到高	高到非常高	中到高	高

2.3.3.1 瞬时测频接收器

瞬时测频接收器已在上一代的电子战系统中得到广泛运用，并且仍在现今的当前设备中使用，虽然未来的趋势是将其替换为数字接收器（见2.3.5节）。

瞬时测频接收器的工作原理如图2.1所示。射频输入信号 $s_i(t) = A\cos(2\pi ft)$，式中：f 为瞬时频率载波，由限幅放大器放大，然后分成两个相等的振幅。一半通过一个长度为 L 的延迟线相对于另一半延迟，这提供了时间延迟 $\tau = L/c_p$（c_p 是延迟线设备中的电磁波传播速度）。然后将这两个信号施加到相位侦测器[4]。这样，将两半的相位进行比较，并且相移 $\varphi = 2\pi f\tau$ 与载波频率成正比。因为 τ 是常数，所以角度 φ 是信号载波频率 f 的量度。对于给定的延迟，覆盖的明确频带是其相位变化为 $1/\tau$ 的频带。例如，对于等于1GHz的明确带宽，所需的延迟为1ns。

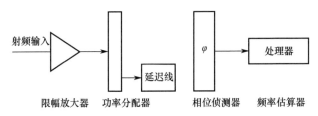

图2.1 瞬时测频接收器功能框图

应用瞬时测频时最紧迫的问题是由同步信号引起的。如果在同一时刻存在多个信号，侦测到的相移对任何一个信号的频率均无意义。

2.3.3.2 晶体视频接收器

晶体视频接收器是上一代电子战接收器中最常用的解决方案。它们主要用于雷达警告接收器，因为它们能够以经济高效的方式覆盖宽带：I 频段或 J 频段或两者，甚至是雷达威胁的整个射频频段，范围从 D 频段到 J 频段或 K 频段（在此种情况下，它们确定为全开接收器）。

由于在侦测器的前面增加了放大器，因此现代晶体视频接收器显示出良好的灵敏度，同时由于添加了瞬时测频接收器而具有精确测量载波频率的能力。目前实现是适用于雷达警告接收器应用的开放式晶体视频接收器和适用于中型电子支援措施设备的宽带晶体视频接收器（见 2.3.4 节）。晶体视频接收器基本框图如图 2.2 所示，它实质上是一个平方律包络侦测器，后跟一个视频放大器。天线后可以使用低噪声放大器以提高灵敏度[1,2]。

图 2.2　CVR 功能框图

通常，利用晶体视频接收器传感器实现提供如下信号（脉冲）瞬时参数：①脉冲幅度；②脉冲宽度；③到达方向；④到达时间；⑤频率。

由于晶体视频接收器很小，因此通常将其安装在非常接近天线的到达时间所使用的不同通道中。

2.3.3.3 扫频超外差接收器

超外差接收器具有非常高灵敏度、动态范围和频率选择性，成为要求苛刻的雷达和通信应用中采用最广泛的接收器。在电子战应用中，窄带超外差接收器（瞬时带宽小于 1 GHz）主要用于 ELINT 应用（见 2.3.4 节），以便将发射器信号与环境隔离，详细测量其信息，并抑制任何不希望的干扰信号。相反，宽带（瞬时带宽大于 1 GHz）扫描超外差接收器用作电子支援措施设备的一部分（见 2.3.4 节），以在苛刻、高密度的情况下侦测和发现威胁信号，因为它们的选择性会极大地降低接收到的脉冲密度[1]。

超外差接收器基本框图如图 2.3 所示。工作原理源于将输入信号与可调的本机振荡器（LO）混合在一起，将其转换为中频。混合前需要预选器拒绝图像信号[1,2]。现代超外差接收器在系统覆盖的射频间隔内的多个频带上使用适合当前操作情况支持软件的预选扫描策略（带宽也可以相邻，以完全覆盖所需的射频范围）。显然，如果高威胁密度需要详细调查，则可以将侦测到的频段中的停留时间设置得更长一些，而在威胁很少的频段中可以缩短停留时间。

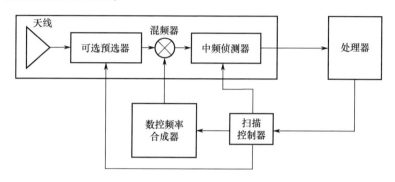

图 2.3　超外差接收器基本框图

由于减少了瞬时射频带宽（意味着更少的集成噪声），超外差接收器的特点是灵敏度高于晶体视频接收器。但是，由于超外差接收器在时间上对观察到的带宽进行了多路复用，因此除非应用了适当的扫描动态编程，否则它们在可获得的拦截概率（POI）方面会受到限制。通常，具有超外差接收器的拦截概率低于晶体视频接收器的拦截概率。

2.3.3.4　信道化接收器

信道化接收器架构通过多个并行的连续信道覆盖所需的射频带宽，每个信道都具有一个与预期威胁发射系统带宽近似匹配的工作带宽，在现代实现情形中，该带宽应该处于200MHz至数吉赫之间[4]。基本原理如图2.4所示。每个信道都能够提供所有瞬时脉冲信号参数。但是，此种架构非常复杂、庞大且昂贵。因此，它仅用于陆基和大型运输机电子情报设备[1]。

此种架构的主要优势在于其能够处理时间上重叠的多个同时威胁信号（如在高密度射频频段中的情况）。这解决了瞬时测频传感器性能差的问题。实际上，两个同时出现的信号通常会位于单独的高动态通道中，并且可以准确地处理。当两个信号位于两个相邻的通道中，即使每个通道的带宽急剧下降，也可以进行准确的处理。此外，即使在同一个通道内获取信号，现代信道化接收器中实现的数字滤波和处理也能够准确地提取所需的信息[4,5]。

信道化架构的实际配置（就降低的复杂性和体积而言）正在利用窄带超外差接收器的特性，同时还通过使用大量并行信道来提供较宽的频率覆盖范围，每个信道均调谐至略有不同的射频中心频率。

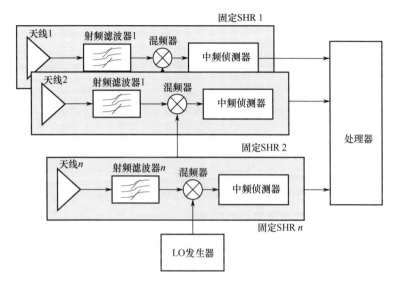

图 2.4 信道化接收器的原理框图

2.3.3.5 转换拦截接收器

在过去的实现中，宽带信道器的成本和复杂性促进了声光接收器的发展。用各种技术实现的此种类型的接收器近似于硬件中的傅里叶变换[1]。最重要的技术是布拉格电池接收器，该接收器利用某些材料（如铌酸锂晶体 $LiNbO_3$ 的声光特性）在受到射频信号馈送时产生的声光特性，从而在激光束穿过材料时产生激光束偏转，并提供射频信号频率的度量。

在这些晶体中，相干光的入射光束是由激光源产生的。如图 2.5 所示，射频信号的幅度取决于入射到光电侦测器阵列的光强度。因为多个信号会产生多个输出偏转，所以从概念上讲，此接收器是信道化接收器的替代品。

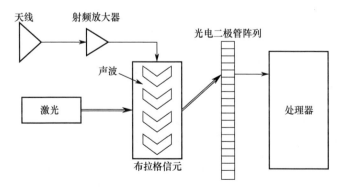

图 2.5 布拉格信元接收器的原理框图

2.3.4 电子支援接收器的实现和要求

当前,电子战装备需要面对的电磁场景的特征是具有多个不同功能的大量发射器。为了使电子战系统能够有效地分析和传达实际威胁,必须使电子战接收器能够侦测到数个同时发生的信号,这些信号可能跨越从 D 频段到 K 频段 (1~40 GHz) 的大频率范围。作为基本功能,电子战接收器应该能够提供如下功能。

(1) 同时处理多频威胁的能力。
(2) 针对所有威胁几乎一致的拦截概率。
(3) 以足够的分辨率测量威胁发生频率的能力。
(4) 单脉冲采集和参数测量的能力。

如 2.3.1 节所述,电子战传感器可以根据其应用分为雷达警告接收器、电子支援措施接收器和电子情报接收器。在接收器实现中,2.3.3 节介绍的架构会用来实现所需的功能。以下各节详细介绍了雷达警告接收器、电子支援措施接收器和电子情报接收器的实现和操作需求。

2.3.4.1 雷达警告接收器

雷达警告接收器是基本的电子支援被动监视系统,用于要求高拦截概率但不需要高灵敏度的应用中。它们的主要任务是,如果威胁发射系统正在照亮飞机,则向飞机驾驶员发出警告。更详细地说,雷达警告接收器提供以下功能。

(1) 侦测威胁发射系统。
(2) 假设平台上存在数个定向天线和相关的接收器,则相对于平台的纵轴,对威胁发射的到达方向进行粗略的测量。
(3) 测量威胁信号的基本参数(如幅度、脉冲宽度、到达方向、到达时间)。
(4) 当信号环境不太密集时,对威胁信号进行识别和分类。
(5) 通过与适当准备的数据库进行比较,对威胁信号进行分类。

图 2.6 显示了最普遍使用的雷达警告接收器架构全开雷达警告接收器(即所需威胁发射系统频谱的完整射频覆盖范围)的典型原理框图。较宽的射频频带被滤波为并行信道。然后,晶体视频设备侦测到接收信号的包络,但删除了与发射器波形的频率和相位有关的任何信息。视频滤波器随后执行进一步的平滑处理,无论如何都可以侦测到最短的脉冲。在侦测之前,经过并行滤波的射频信号也会发送到 IFM 设备(见 2.3.3 节),该设备提供信号频率估算。

表 2.2 [1,4] 中收集了雷达警告接收器的运行要求。

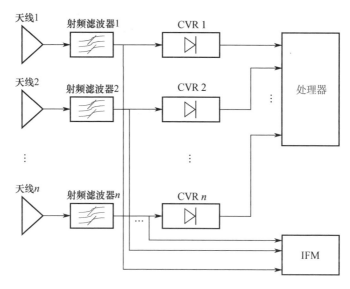

图 2.6 全开式雷达警告接收器的原理框图

表 2.2 雷达警告接收器所需要的性能

射频覆盖	2~18GHz（使用 IFM）28~40GHz（不进行频率测量）
视频带宽	20MHz
灵敏度	-45dBm 典型值（不带前置放大器）-60dBm 典型值（带前置放大器）
瞬时动态范围	40dB
总动态范围	70dB（带前置放大器）
频率测量精度	2~10MHz，带谐波 IFM
最小脉冲宽度	200ns
最大脉冲宽度	连续波
最大无损坏输入功率	1W 连续波；100W 脉冲占空比 1%
建立时间	<1ms

2.3.4.2 电子支援措施接收器

电子战系统的基本任务是监视和侦察（S&R），它是通过电子支援措施接收器和数个有源或无源传感器执行的。监视和侦察是一项基本任务，涉及在受监视环境中定位、标识和跟踪对象。它是高级平台的所有其他防御活动（如船舶、直升机、机队等）之前的一项强制性任务。

特别地，所考虑的电子战系统监视和侦察活动，不需要立即对雷达辐射做出反应，即不需要立即覆盖整个工作频段。这意味着可以通过时分扫描（如通过超外差接收器）来执行频率覆盖。

除了威胁警告功能外，电子支援措施接收器还要求非常高的灵敏度，以在非常密集的情况下侦测每个威胁发射系统。在这些系统中，可以使用信道化接收器或信道化接收器与全开晶体视频接收器架构的组合（图2.7）。

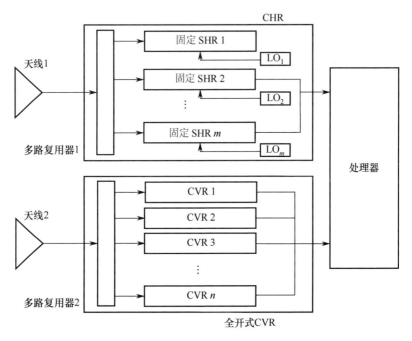

图 2.7　电子支援措施接收器的原理框图

表2.3 总结了电子支援措施接收器的性能要求。

表 2.3　电子支援措施接收器的性能要求

射频覆盖	0.5~18 GHz，未来趋势：0.5~40 GHz
瞬时带宽	1 GHz
频率解析度	1 MHz
瞬时动态范围	>40 dB
无杂散动态范围	>50 dB
噪声系数	<5 dB
最小脉冲宽度	100 ns
最大脉冲宽度	连续波
灵敏度	−80 dBm
最大输入功率	0

2.3.4.3 电子情报架构和要求

电子情报是使用电子传感器进行信息收集的活动。它的主要重点在于非通信信号情报，尤其是雷达信号。电子情报与监视活动的不同之处在于，它包含对接收到信号的技术分析，该分析通常在脱机状态下进行，因为主要重点不是实时战术态势感知（电子战斗命令），而是一种对接收到的波形进行深度分析，以对潜在的发射器进行分类，构建或更新电子战雷达库。

电子情报接收器具有极高的灵敏度和选择性，以便侦测从其天线的旁瓣发送来的威胁信号。电子情报接收器可用于快速和长时间操作，采集时间范围包括数微秒到毫秒，并能够收集足够数量的信息以提供标识和分类，支持雷达警告接收器和电子支援措施系统操作。

如图 2.8 所示，电子情报架构通常基于超外差接收器方案，该方案利用了许多可选的窄带中频滤波器[1]。这些滤波器可实现电子情报应用所需的极高灵敏度。如果还使用具有不同带宽的滤波器来分析雷达威胁信号的脉冲内和脉冲间特性，则发射器的指纹可用于提供其识别和分类。

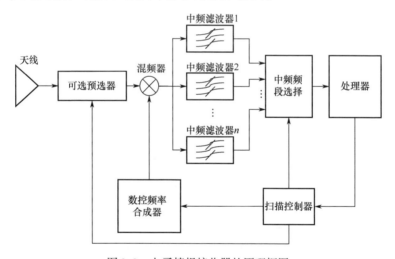

图 2.8　电子情报接收器的原理框图

表 2.4[1,4]列出了电子情报接收器的要求性能。

表 2.4　电子情报接收器的要求性能

射频覆盖	0.5 ~ 18 GHz，未来趋势：0.5 ~ 40 GHz
瞬时带宽	1 GHz
频率解析度	1 kHz
瞬时动态范围	> 70 dB
无杂散动态范围	> 50 dB

(续)

噪声系数	<5 dB
最小脉冲宽度	很少 ns
最大脉冲宽度	连续波
灵敏度	−85 dBm
最大输入功率	0

2.3.5 数字接收器

最新可用的数字技术已为雷达型和通信型发射器的电子战传感器提供了通用架构，从而实现了所谓的电子战频谱传感器[1]。

电子高速数字技术在采样和保持（S/H）电路、A/D 转换器（ADC）和数字信号处理器（DSP）方面的显著发展已使射频传感器的架构产生了重大变化，尤其是电子战架构。这些变化提高了设备性能和效率，减少了体积和功耗[5,6]。对于电子战传感器，新架构基础上的新型设备是数字接收器[1,7]。典型的框图如图 2.9 所示。

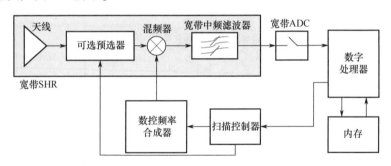

图 2.9 数字接收器的原理框图

数字接收器的基本结构由以下部分组成。

（1）宽带超外差接收器阶段，执行从射频到中频的下变频。

（2）宽带模数转换器，可在不连续的瞬间提供不连续的幅度水平。超外差接收器级的宽带中频滤波器还可以防止采集后的混叠失真。

（3）在专用集成电路或现场可编程门阵列（FPGA）上实现的处理引擎。FPGA 的优势在于不仅可以根据应用需求还可以根据任务需求进行重新编程。

（4）用于信号采样记录的存储器。此选项允许脱机软件处理由不在数字接收器上托管的处理器执行。

为了允许多通道操作，需要以下功能执行相位、幅度和到达时间的差分测量。

（1）一个同步器，用于在不同的数字接收器通道之间对齐采样和处理。

(2) 一些用于交换数据的 I/O 设备。

数字接收器能够实现高级的软件定义功能，同时保证高性能和灵活性。但是，减小其尺寸、质量和功耗（SWaP）也不是一件容易的事，这主要是由于 2~18 GHz（0.5~40 GHz）滤波器组和可调本机振荡器（图 2.9 中的数字频率合成器）的负担。在 2.5 节中，将介绍可能的解决方案和未来的发展。

2.4 电子攻击架构

电子攻击系统的目的是摧毁敌方电子战系统，从而限制其攻击和防御能力（实际上，这些系统以前称为电子对抗措施）。这项任务是通过尝试利用搅乱、欺骗，甚至遮蔽敌方系统的先进技术来完成的。因此，在现代由具有高打击能力的先进武器系统组成的任务场景中，电子攻击设备可以避免大量人员伤亡和破坏。

电子攻击/电子对抗措施发射系统涵盖电子支援设备的相同电磁频谱，并根据为其设计的射频威胁系统类型和功能进行分类。因此，我们可以找到旨在阻止射频通信系统的通信电子对抗措施（CECM），解决雷达系统威胁的雷达电子对抗措施（RECM）（通常简称为电子对抗措施）以及与红外系统对抗的红外电子对抗措施。特别是，雷达电子对抗措施系统的典型应用是针对雷达导引头和导弹威胁的自我保护，而通信电子对抗措施主要用于移动平台的拒绝服务。

对于过去使用的电子对抗措施定义，现代电子攻击定义增加了以下功能。
(1) 定向能武器。
(2) 反辐射导弹。
(3) 电磁脉冲和核电磁脉冲。

这些系统以雷达电子对抗措施为中心，由射频发射器组成，这些发射器会产生干扰，目的是欺骗和遮蔽敌方雷达[1]。干扰的实施是通过向威胁雷达的接收器发送干扰信号来欺骗破坏其侦测任务。通常，干扰信号由随机噪声或雷达波形的修改后副本组成。在当前的应用中，雷达威胁涵盖 2~18 GHz 的宽频率范围（趋势范围扩大到 0.5~40 GHz[2]），并利用越来越复杂的信号和先进的电子保护技能，它们将会产生越来越强的干扰攻击[1,2,8]。因此，现代电子攻击设备必须提供先进的射频干扰器技术，以实现完全自适应的威胁响应[1,8]，同时还旨在尽可能降低其 SWaP。

可以通过软件定义的方法来实现适应性和灵活性，该方法采用数字技术来增强系统功能。典型的示例是数字射频存储器（DRFM）干扰器，它是当今最先进的电子攻击自我保护技术,能够将接收到的雷达信号威胁数字化并存储,然后生成并重新发送旨在欺骗敌人的更改版本。

数字射频存储器设备由宽带接收器、DSP 设备和宽带发射器组成。数字射频存储器框图如图 2.10 所示。就拒绝寄生信号而言,数字射频存储器接收路径与常规超外差接收器非常相似。射频输入信号经过带通滤波和放大,以抑制不希望的分量。然后,通过使用本机振荡器进行超外差处理,将滤波后的信号下变频至基带。低通滤波器(LPF)用于抗混叠并去除混频器产生的互调产物。在低通滤波器的输出端,由模数转换器以合适的模拟带宽和精度(即位数)对信号进行采样和数字化。位数越高,对应于模数转换器的动态范围越高,但转换过程越慢。虽然数字方面正在持续快速发展,但由于最新的电子和微波技术缺乏可调性,因此模拟发送/接收硬件仍依赖于可堆叠的实现[9],并且正在进行大量的工作以减少 EA 系统中的 SWaP,特别是在尝试覆盖 0.5 ~ 40 GHz 的工作范围。

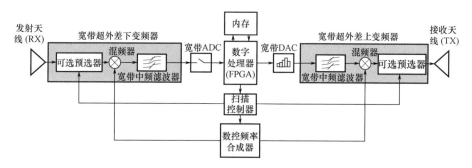

图 2.10 数字射频存储器的框图

2.5 电子保护架构

电子保护是电子战系统的一部分,其中包括各种措施,旨在减少或消除电子攻击(EA/ECM)对车辆、轮船、飞机或导弹等武器上的电子传感器的影响。电子保护也称为电子反对抗措施。在实践中,电子保护通常意味着抗干扰。

除了由数字架构实现的高级信号处理技术(见 2.3.5 节)外,现代监视雷达还采用了在硬件上实施的多种电子反对抗措施,以减少敌对电子对抗措施系统的影响。下面列出了最重要的内容,并在 2.5.1 节中进行了讨论,而更多详细信息可以在文献 [1, 4] 中找到。

(1)频率和脉冲重复间隔的敏捷性。

(2)超低旁瓣。

(3)多个旁瓣相消器(SLC)。

（4）旁瓣消隐。

2.5.1 频率和脉冲重复间隔灵活性

生成的雷达信号脉冲间频率灵活性可能是抵抗雷达电子对抗措施干扰的有效技术。当前系统中的雷达频率灵活性带宽通常约为中心频率的10%，足以分散干扰噪声信号的功率并减少其干扰。此外，雷达电子对抗措施敌方系统产生的虚假目标（如数字射频存储器系统重传的虚假雷达回波）只能在大于干扰者真实距离的距离上发生[1]。

对于欺骗性的虚假目标，脉冲重复间隔灵活性与频率灵活性具有相同的效果。

2.5.2 超低旁瓣

针对主瓣设计适用于具有降低旁瓣水平的电子战系统的天线，视为是有效的电子保护策略。实际上，它极大地降低了从天线旁瓣向电子支援接收器注入的噪声干扰功率。这样，敌方系统就需要具有极高方向性（或有效辐射功率）的雷达电子对抗措施发射器，以创建受保护的电子战装备侦测到的虚假目标。

2.5.3 多个旁瓣相消器

与天线的有效设计有关的另一种电子保护技术是旁瓣相消器架构。它由一个可编程的自适应阵列天线系统组成，该系统能够减少在旁瓣中接收到的信号干扰功率。具体而言，天线系统可以改变其辐射波瓣的形状，以便将辐射方向图的零位定位在干扰器方向上。常见实现方法是基于基本偶极子的线性阵列，其中馈电信号的相移（以及在更高级解决方案中的增益）得到自适应控制[1]。

2.5.4 旁瓣消隐

旁瓣消隐（SLB）包含一个连接到全向天线的附加接收通道。该电子保护系统的作用是消除可能通过天线旁瓣侦测到的强目标反射和干扰攻击对主接收器造成的影响。旁瓣消隐原理的示意框图如图2.11（a）所示。工作原理源于附加接收信道增益的自适应管理。这样来自主天线旁瓣区域的任何威胁信号也会被附加信道以方便的幅度接收，并且可以与主天线旁瓣接收的相同信号进行比较（图2.11（b）所示为主天线和附加天线的辐射方向图）。仅由主天线主瓣侦测到的信号可以进入雷达侦测链。

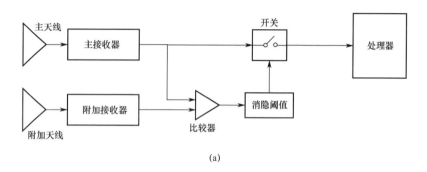

图 2.11 （a）旁瓣消隐原理的原理框图；（b）主天线和附加天线的辐射方向图

2.6 未来的发展

电子战系统所需的主要要求进步之一是减少 SWaP。实现这一目标的主要瓶颈是提供统一滤波器组和本机振荡器可调谐性的最新实现方法。到目前为止，我们已经研究了避免使用哪些组件来解决该问题的各种建议。

第一种解决方案由数字直接采样接收器（DDSR）组成，数字接收器利用宽带 D/A 转换器获取射频输入，从而避免了任何射频下变频级（即没有任何混频器和本机振荡器）。实际上，相对于 2.3.5 节中介绍的数字接收器，数字直接采样接收器利用了宽带开放式 A/D 转换器，该 A/D 转换器在 0.5~40 GHz 频带的不连续时刻提供不连续的幅度水平。

图 2.12 描绘了此系统的示意框图。

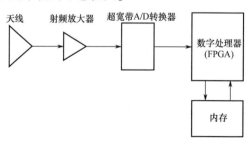

图 2.12 数字直接采样接收器的原理框图

但是，传统的 A/D 转换器从根本上受到采样源时序抖动的限制：采样频率越高，采样抖动对 A/D 转换器分辨率的损害就越大。因此，该限制要求在 A/D 转换器带宽和分辨率之间进行权衡。因此，数字直接采样接收器的结果是可行的。

仅在 L 频段和 S 频段，射频系统通常设计为具有窄带宽的采集通道[10]。当将宽带信号作为超短脉冲处理时，这些工程约束成为严重的限制。

目前，在雷达和电子战系统中引入了光子技术，其目的是减少 SWaP 并提高性能[11,12]。实际上，在过去的几年中，光子技术已经证明了在微波应用上的卓越特性，如超宽带宽、可调谐滤波、基于光子的微波混合、非常高的端口间隔离性以及对电磁干扰的固有抗扰性[13]。此外，光子集成正在迅速增长，从而可以以非常低的成本生产出越来越坚固、可靠、紧凑的光子集成电路。

基于光子的模数技术旨在实现具有光子采样源（如锁模激光器）的 A/D 转换器，该光子采样源可以瞬时相干地直接数字化整个工作带宽，并且具有比传统电子系统更高的分辨率（图 2.13）[11]。由于激光源的定时抖动极低，并且消除了射频调谐器，因此该技术具有显示出信号保真度的潜力，该保真度是最新数字电子产品的 100 倍以上。利用光子集成来实现基于光子 A/D 转换器的可能性也有望减少系统负担。虽然如此，在大多数必须禁止图像信号的应用中，射频滤波器组仍然是必不可少的。在这些情况下，最终 SWaP 不可避免地会受到影响。

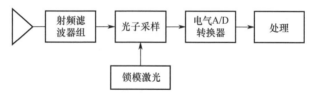

图 2.13　光子采样接收器的原理框图

时间交错光子采样已经提出了一种可能的解决方案，其中利用了多个高精度、低采样率的电子 A/D 转换器对射频输入进行完整的奈奎斯特速率采样，如图 2.14 所示。

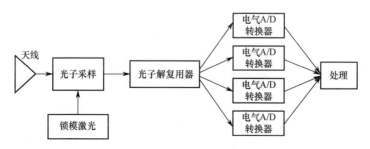

图 2.14　时间交错的光子采样接收器原理框图

降低 SWaP 的另一种可能性可能是使用单个宽带扫描接收器，该接收器通过单级直接下变频器和单个 A/D 转换器覆盖 0.5~40 GHz 的频率。实际上，直接转换方法将避免使用任何射频镜像抑制滤波器，并减少最终的 SWaP。遗憾的是，当前的射频组件，如相/正交（I/Q）混合器（直接转换方法）和电子振荡器，在所需的整个带宽范围内都缺乏可调性和性能稳定性[7]。

这里，已经提出使用光子学来有效地实现宽带扫描直接转换接收器[12]。这是基于光学 I/Q 混合耦合器和光学频率梳（用作多本机振荡器源）的使用。该方案如图 2.15 所示，在第一个原型实现中，它表现出了非常高的性能。

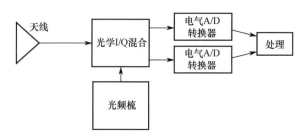

图 2.15　光子直接转换扫描接收器的原理框图

2.7　小结

在本章中，我们已描述了现代电子战装备的工作原理、采用的技术和工艺以及运行需求。我们已经展示了它们如何应对雷达和通信设备中发射波形的演变所带来的挑战（见第 1 章）。此外，本章重点介绍了改善这些技术性能的同时，减少其负担和功耗的工作。还提出了未来可能的发展，将集成的光子学与传统的电子战架构合并，从而在功能、性能和 SWaP 减少方面满足未来的要求。

参 考 文 献

[1]　A. De Martino, "Introduction to Modern EW Systems." Norwood, MA, USA: Artech House Publishers, 2012.

[2]　R.G. Wiley, "ELINT: The Interception and Analysis of Radar Signals." Norwood, MA, USA: Artech House Radar Library, 2006.

[3]　A. Graham, "Communications, Radar and Electronic Warfare." ISBN: 978-0-470-68871-7, 2010.

[4] C. Dantea, "Modern Communications Receiver Design and Technology." Norwood, MA, USA: Artech House Publishers, 2010.

[5] J.B. Tsui, "Microwave Receivers with Electronic Warfare Applications." ISBN: 1891121405, 2005.

[6] M. Golio, and J. Golio, "RF and Microwave Applications and Systems." Boca Raton, FL, USA: CRC Press, 2007.

[7] J.B. Tsui, "Digital Techniques for Wideband Receivers." Raleigh, NC, USA: SciTech Publishing, 2000.

[8] I. Arasaratnam, S. Haykin, T. Kirubarajan, and F.A. Dilkes, "Tracking the mode of operation of multi-function radars." 2006 IEEE Conference on Radar, Verona, NY, USA. DOI: 0.1109/RADAR.2006.1631804.

[9] M. Frater and M.J. Ryan, "Electronic Warfare for the Digitized Battlefield." Norwood, MA, USA: Artech House, 2001.

[10] P. Delos, "A Review of Wideband RF Receiver Architecture Options." Analog Device Tech-Note, 2016.

[11] P. Ghelfi, F. Laghezza, F. Scotti, *et al.*, "Photonics in radar systems: RF integration for state-of-the-art functionality." IEEE Microwave Magazine, v. 16, n. 8, pp. 74–83, 2015.

[12] D. Onori, F. Laghezza, F. Scotti, *et al.*, "A DC Offset-Free Ultra-Wideband Direct Conversion Receiver based on Photonics." EuRAD/EuMC03-02, EuRAD 2016, London.

[13] J. Capmany, and D. Novak, "Microwave photonics combines two worlds." Nature Photonics, v. 1, pp. 319–330, 2007. DOI:10.1038/nphoton.2007.89.

第 3 章

微波光子学概念和功能

马西米利亚诺·迪斯彭扎（Massimiliano Dispenza）[①],
路易吉·皮尔诺（Luigi Pierno）[①],保罗·格菲（Paolo Ghelfi）[②],
安东内拉·博戈尼（Antonella Bogoni）[②,③]

3.1 组织及要点

在本章中，我们介绍光子学可以带入微波系统的主要概念和功能。讨论将重点介绍光子学在雷达和电子战系统中的应用。该分析将比较数个标准微波子系统的性能和使用光子学获得的最新结果，这些结果来自研究实验室或者在有可能的情况下从开拓性的微波光子学行业获得。阐述了光子学相对于标准方法改善性能的潜力。此外，我们重点强调了光子学可以实现的数种新颖独特的可能性。

为了使最广泛的技术受众受益，分析将避免深入讨论光子解决方案，因为这需要光子专业领域的知识才能充分理解。然而，这些描述将使读者获得主要概念，并且所报道的数字将允许与标准微波系统对应物进行直接比较。对于那些希望深入了解的人，我们将提供了一些参考。

在介绍光子学带来的一般益处之后，本章介绍微波系统的基本功能：微波信号的生成和侦测、传输和分配、相控阵天线（PAA）中波束成形功能的信号调节以及信号滤光。我们还安排专门的章节讨论光子集成带来的潜力。最后，总结本分析中提出的要点。

3.2 未来雷达和电子战系统的微波光子解决方案

迄今为止，雷达系统通常设计用于实现单个特定功能，如海军交通监控或

[①] 意大利罗马 Leonardo SpA。
[②] 意大利国家电信大学（Consorzio Nazionale）国家光子网络与技术国家实验室（PNTLab）。
[③] 意大利圣安娜高等研究学院传播，信息和感知技术研究所（TeCIP）。

气象研究。此种固定功能的方法已得到特定电子设备设计的支持，这些电子设备旨在可预见的应用中优化雷达性能。

近来，对多功能和多频带感测系统的迫切需求不断提高，旨在通过利用可重构性的概念来降低雷达系统的成本[1]。此外，对分辨率日益增长的需求（如在汽车领域）也正朝着较高的载波频率发展，以增加可用的信号带宽（见第 1 章）。

因此，这些新的雷达系统应该能够调整其参数（如带宽、脉冲重复间隔或中心频率），以适应多种操作情况：从侦测到跟踪，甚至到无线通信！因此，多功能雷达发射器需要可重构和软件定义的射频信号发生器，这些信号发生器能够在高达毫米频段（MMW，高于 30GHz）的载波上产生宽带波形，同时保持相干脉冲多普勒处理、目标成像和杂波抑制所需的相位稳定性[2,3]。同时，多功能雷达接收器需要直接在其频率范围内，以数字方式获取侦测到的信号，而无须任何固定的下变频，确保系统的可重构性和可靠性[4]。

由于这些苛刻的要求，当前的电子技术在保证所需的性能方面面临严重的困难。实际上，如以下各段所述，通过具有可接受稳定性的直接数字合成器直接生成调制的射频信号会将频率限制为几吉赫，并且多次有效上变频的必要过程会使所产生的信号相位噪声加大[2,3]。同样，A/D 转换器的精度随着输入带宽和采样速度的增加而降低[5]，因此需要多个下变频级。

电子战系统中也面临着类似的问题。随着雷达和无线通信变得越来越智能和灵活，并正在利用更高的载波频率，侦测和识别它们需要实施更多的工作。要观察的频谱不断扩大，所需的精度也在不断提高，这就需要更大更重的电子战系统，同时需要配备更多的 A/D 转换器和相关的电子设备。这就需要生产出更大尺寸、更大质量和更大功耗（SWaP）的电子战系统来完成此操作。但是，要实现此种新颖性，必须将系统安装在无人平台上，这对可接受的有效载荷提出了严格的要求。

在过去的 10 年中，人们对光子学的使用进行了研究，克服电子器件在射频系统中的性能，促使形成了名为微波光子学的新研究领域。实际上，光子学拥有许多特性，这些特性对于开发未来的微波系统，尤其是未来的雷达系统和电子战系统[6-9]（图 3.1）至关重要，其特征是具有类似的总体结构。

（1）低相位噪声。现在可以使用具有极低噪声（振幅或相位噪声，总结在激光线宽参数中）的激光器，它们可用于生成或侦测具有出色稳定性（特别是在相位方面）的射频信号。

（2）宽带宽。光学通信的技术进步提供了一种光子设备，可以将宽带的信号加载到激光载波上，这些设备现在也可以用于微波光子学中，管理带宽达数十千兆赫，中心频率高达毫米波。

（3）易调整性。激光器和其他设备（作为滤光器）很容易调谐，可以在微波光子解决方案中使用，以实现射频系统前所未有的频率灵活性。

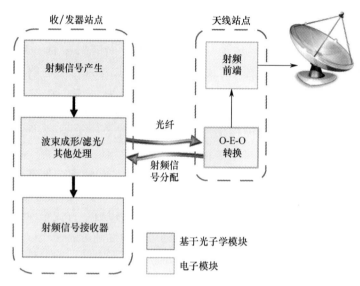

图3.1　雷达或电子战系统中可能利用微波光子学

（4）低损耗和低失真传播。这些是光纤的基本特性，也是其在全球范围内用于通信的原因之一。射频系统也可以利用这些功能，以在远距离中传输微波信号，从而避免了常用波导的损耗和带宽问题。

（5）抗电磁干扰（EMI）。在恶劣环境下运行的射频系统中，光传输的这一独特特征显然是最重要的。

本章将介绍，光子学可用于在宽载波频率范围内产生具有高相位稳定性的射频信号，还可以同时产生多个射频载波。它能够处理宽带信号，如在相控阵天线中实现波束成形或可调谐射频滤波。在接收端，基于光子的A/D转换器可以保证大输入带宽、高采样率、极低的抖动，以及同时接收多个信号的能力。最后，在微波系统中使用光子技术，可以通过光纤在一些分离的子系统（如雷达收发器、电子战系统及其天线等）间分配射频信号，从而实现低损耗、低失真和抗电磁干扰能力。

3.3　光子学射频生成和上变频

图3.2（a）显示了常规射频信号生成方案。它基于多个电子上变频级，每个级包括一个电子本机振荡器，然后是一个带通滤波器（BPF），以选择上变频信号并抑制图像频率。利用所报告的方案，可以将在基带（BB）或中频处生成的调制信号上变频为所需的射频中心频率。但是，由于本机振荡器的相

位漂移和有源电子混频器的非线性，每个上变频级都会引入不可忽略的相位和幅度噪声。必须强调的是，每个级均使用特定频率的本机振荡器和带通滤波器，并且不同的本机振荡器通常彼此不相干。此外，本机振荡器的相位稳定性随着射频的增加而降低。

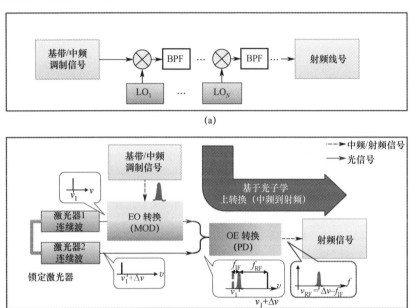

图 3.2　(a) 常规射频信号生成方案；(b) 基于光子射频信号生成

图 3.2 (b) 显示了光子射频信号产生的一般方案。它基于外差概念，即侦测光电二极管（PD）中的两个激光信号，从而生成与输入光场的平方成比例的射频信号。我们假设两个激光器（激光器 1 和激光器 2）发出理想的连续波光学信号，其电磁场可表示为

$$S_1(t) = A_1 \cos(2\pi v_1 t + \phi_1) \tag{3.1}$$

$$S_2(t) = A_2 \cos(2\pi v_2 t + \phi_2) \tag{3.2}$$

式中：A_i 为场的振幅（$i \in \{1, 2\}$ 标识激光器）；v_i 为激光器的光频率；ϕ_i 为光场的相位。

当它们耦合在一起并由光电二极管接收时，光电二极管会产生电流（射频信号），该电流可表示为

$$S_{RF}(t) \approx [S_1(t) + S_2(t)]^2 \tag{3.3}$$

将式 (3.3) 代入式 (3.1) 和式 (3.2) 后，忽略直流分量和 2 倍于光频率的分量（它们太快而光电二极管无法侦测到），式 (3.3) 变为

$$S_{RF}(t) \approx A_{RF} \cos[2\pi(v_2 - v_1)t + (\phi_2 - \phi_1)] = A_{RF} \cos[2\pi v_{RF} t + \Delta_\phi] \tag{3.4}$$

因此,产生了射频信号,其频率 v_{RF} 等于两个激光器之间的失谐。由于当前可用的光电二极管具有宽的光电带宽,可以轻松生成100GHz及以上的射频信号。

如果对其中一个激光器进行调制,如在外部光调制器(MOD)中(由基带或中频的调制信号驱动),如图3.2(b)所示的激光器1,则外差将调制传递激光器失谐给定的射频载波频率。例如,如果我们假设激光器1的振幅进行了调制,则光电二极管的射频信号表达式变为

$$S_{RF}(t) \approx A_{RF}(t) \cos[2\pi v_{RF} t + \Delta_\phi] \tag{3.5}$$

式中:幅度项 $A_{RF}(t)$ 保留最初加载在激光器1上的基带或中频调制信息。

由于光通信领域已经将电光带宽超过40GHz的光调制器推向市场(并且研究实验室可以提供更大的调制带宽),因此光子学可以生成载频达到毫米波的超宽带射频信号。具体而言,信号带宽由光调制的可用调制带宽给定,而中心射频频率直接取决于两个激光器之间的失谐,并受外差光电二极管的可用带宽限制。

射频信号生成中最重要的参数之一是相位稳定性,特别是对于监视雷达和通信而言。在图3.2(b)的光子学方案中,生成的射频信号的相位稳定性取决于两个跳动光信号的倒数相位行为,从式(3.4)中的 Δ_ϕ 项可以看出的。从式(3.4)可以明显看出,如果两个激光器理想状态下没有相位噪声(它们的相位项 ϕ_i 是常数),则光学产生的射频信号也没有相位噪声(相位项 Δ_ϕ 也是常数)。但是,激光器始终确实具有一定量的相位噪声,并且两个独立的跳动激光器会产生一个相位项等于激光器相位噪声过程之差的射频信号,即

$$\Delta_\phi = \Delta_\phi(t) = N_{\phi_1}(t) - N_{\phi_2}(t) \tag{3.6}$$

式中:$N_{\phi_i}(t)$ 为激光器的相位噪声项。

众所周知,$\Delta_\phi(t)$ 是一个噪声过程,其方差等于 $N_{\phi_1}(t)$ 和 $N_{\phi_2}(t)$ 的方差之和。

如果两个激光器不是独立的,情况将发生显著变化。实际上,让我们假设激光器显示出完全相同的时变相位噪声过程 $N_\phi(t)$。在此种情况下,式(3.4)和式(3.5)的相位项 Δ_ϕ 中,时变分量(噪声过程)变为零,并且仅留下相位常数。因此,光电二极管产生理想的无相位噪声的射频信号。迫使两个激光器具有相同的相位噪声的动作称为锁相,如图3.2(b)的方案中所述。

下面,我们将讨论获得锁相激光器最常用和最有效的技术,这些锁相激光器将用于光子学射频信号生成。

3.3.1 通过射频调制产生锁相激光器

生成锁相激光器以及由此产生相位稳定的射频信号的最直接方法是,通过使用射频振荡器调制一个激光器(通常称为主激光器),以及考虑将调制侧模

式作为第二个激光器直接从另一个激光器中生成一个激光器。使用此种方法，两个激光器之间的失谐及其相互稳定性直接取决于调制主激光器的射频振荡器的频率和稳定性。

然而，此方法拥有数个有用的功能，这使其非常有用。

通过利用光调制器的非线性特性，可以轻松生成高阶光侧模式，并且这些模式可用于生成数倍于射频振荡器频率的射频信号。例如，利用马赫曾德尔调制器（MZM）的正弦电光传递函数，可以通过将调制器的偏置电压适当地设置为最小或最大传输点（在 4 倍频率的情况下，还必须抑制原始光载波）（图 3.3）[10]，将射频调制频率变为 2 倍频或 4 倍频。

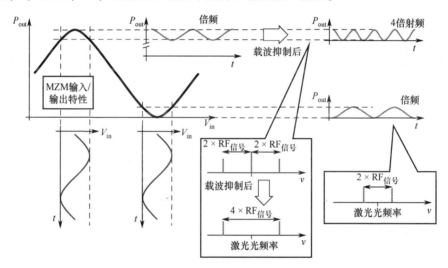

图 3.3　利用了马赫曾德尔调制器的非线性电光传递函数实现了光子学的 2 倍频和 4 倍频

通过类似的方法，也有可能实现光学频率梳（OFC），即由几条激光线组成的光谱，这些激光线彼此均等地间隔并锁相。然后，光学频率梳可以用作激光源（如用作波分复用系统的激光器[11]），也可以用作射频振荡器的任意多个频率的射频信号源[12]。我们可以通过在强度和相位调制器的级联中，调制主激光器来获得光学频率梳。通过仔细设置驱动信号的功率，可以获得一个大而平坦的光学频率梳，如图 3.4 所示[13-15]。

值得注意的是，为了利用光学频率梳产生所需载波频率的射频信号，必须隔离两条激光线。此操作可能非常具有挑战性，特别是如果射频振荡器的频率低于几千兆赫，则常规的滤光器没有充分的选择余地来获取所需的激光线并抑制其他激光线。替代方法是可以在光电二极管中侦测整个光学频率梳，从而在梳状线间隔的所有倍数处产生跳动。然后，可以使用电滤波器来选择射频域中所需频率的跳动。

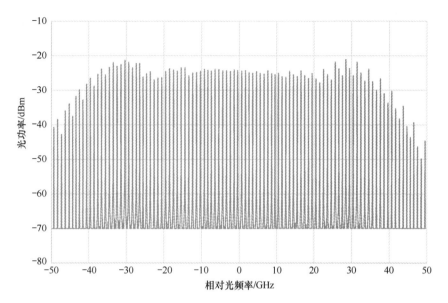

图 3.4 参考文献 [15] 中生成的光频率梳示例(在 10dB 的范围内获得了 80 条以上的激光线,频率间隔为 1GHz)

如上所述,所产生的梳状激光线的相互相位稳定性取决于射频振荡器的质量,并且多个频率上所产生的射频信号也是如此。需要重点强调的是倍频也会影响相位噪声:作为振荡器的二次谐波而产生的激光线会产生 2 倍的振荡器相位噪声,三次谐波会产生 3 倍噪声,依此类推。当以这种方式生成射频信号时,必须考虑这种噪声倍增,因此,必须选择具有非常低本征相位噪声的射频振荡器。

3.3.2 通过注入锁定实现激光相位锁定

假设我们拥有两个激光器,其中一个(主激光器)注入另一个激光器(从激光器)的腔中。如果来自主激光器的连续波光信号的波长足够接近从激光器的共振波长,则就迫使从激光器以与注入激光器相同的波长和相位发射[16]。此种机制称为注入锁定。

锁定操作的质量取决于大量参数,主要是注入光的功率以及主激光器的波长和从激光器的标称波长之间的失谐。注入的功率越高,两个标称波长越近,锁定操作越精确。引入定义为从激光器锁定范围的参数,即激光器和主激光器间的最大失谐允许从激光器锁定,也很有用。此参数还取决于注入功率:注入功率越高,锁定范围越大。影响锁定机构质量的另一个重要参数是两个激光器的线宽。线宽越窄,锁定越好,但是锁定范围也越窄。

为了利用注入锁定生成射频信号,我们需要有两个失谐激光器,以及从其中一个激光器派生主激光器的方法,以使其波长与从激光器的标称波长相同,并且可以用于注入。一种可能的配置是考虑具有多个锁相模的激光器，如法布里-珀罗（FP）激光器。因此，通过将模式之一注入从激光器，后者将不仅会锁定到注入模式，而且会锁定到多模源的任何其他纵向模式。

所获得的射频信号质量取决于锁定机构的质量，因此取决于注入的功率、主从失谐以及多模激光器和注入的激光器线宽[17]。但是，多模激光器很少会产生低噪声，并且通常会出现较大的线宽。因此，使用注入锁定技术生成的射频信号通常仅在相位上相当稳定。此外，由多模激光器和从激光器之间的失谐确定生成的射频频率取决于主机的模式间隔。

需要重点注意的是，注入锁定技术可以看作一种主动的光学滤波，可以从几种声调中选择和放大注入的声调（正确波长的声调）。因此，它也可以与上述光学频率梳结合使用，从很大的梳子中选择激光线。

图 3.5 所示为 3GHz 的射频信号的相位噪声曲线，该信号是通过混合主激光器和第三行大梳生成的，而大梳是用由 1GHz 的射频时钟驱动的光调制器级联中的主调制器调制获得的，如图 3.4[15]所示。第三行是通过注入锁定从激光器（此处与主激光器所用的激光器相同，带宽为 100 kHz）从梳子中抽出的。将由此产生的射频信号相位噪声与在 1GHz 的原始时钟信号的相位噪声进行比较，可以看出，3GHz 信号的相位噪声明显高于 1GHz 射频时钟的相位噪声。此种差异的部分原因是光子产生的信号和时钟之间的频率不同。由于相位噪声取决于其标称频率的平方，因此必须将时钟在 1GHz 时的相位噪声曲线平移 9.5dB，才能与 3GHz 信号相当。可以看出，即使经过平移，噪声差异仍然很大。

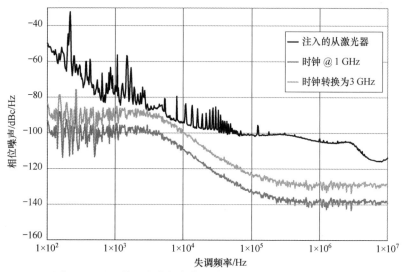

图 3.5　通过利用光学频率梳生成和注入锁定选择梳状模式可获得的相位噪声示例

3.3.3 光电振荡器

使用光电振荡器（OEO）可以实现具有出色稳定性的射频信号。这些是由自持的光电反馈调制的激光腔，可以获取非常纯净的振荡[18]，能够在最苛刻的应用中使用。

由于在光电振荡器中，相位噪声抑制与光电反馈的延迟长度的平方成正比[19]，因此第一个提出的光电振荡器[20-23]包括长光纤延迟。它们的基本架构如图3.6（a）所示。它由连续波激光器组成，该激光器馈送到强度调制器中。其输出通过长光纤（大于 1 km 的数量级）传输并由光电二极管侦测。然后，将恢复的电信号放大并通过带通滤波器滤除，发送回调制器输入，以完成光电腔。当腔体的增益大于损耗时，光电振荡器开始以滤波器选择的频率振荡。

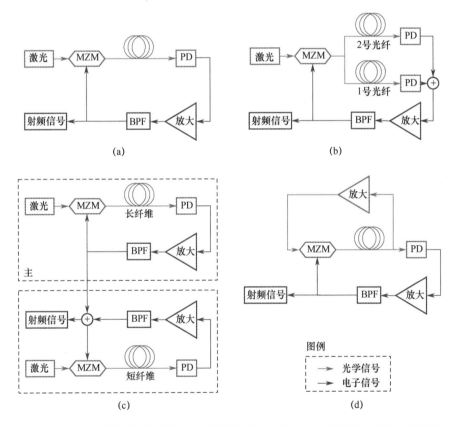

图3.6　（a）包括长光纤环路的光电振荡器基本方案；（b）具有第二个光电回路的光电振荡器，以抑制腔模；（c）主/从配置中的光电振荡器；
（d）耦合光电振荡器，产生超稳定的光脉冲（见彩插）

由于带通滤波器在此种光电振荡器中决定了振荡频率，因此无法进行频率调谐。要启用它，必须用具有更高调谐能力的光学滤波器来代替电滤波器。用于光电振荡器最有希望的光学可调滤波器之一是基于耳语光学腔，该光学腔具有很高的选择性，品质因子在 100 万以上，并且非常紧凑[24-27]。

有许多因素会导致光电振荡器相位噪声。环境波动会影响声学范围（1～10Hz），而从 10Hz～1kHz，射频放大器的闪烁噪声是主要的影响因素，而高于 1kHz 的白噪声和激光噪声是主要因素。拆除微波放大器可以显著改善[28]。此种无放大器的光电振荡器需要非常高的光电链路增益，这意味着要使用高功率激光器和高功率处理光电二极管以及高效的调制器。为此，也可以引入光放大。

如上所述，在光电振荡器中，光电回路越长，相位噪声越低。但是，增加回路长度（或在循环架构的情况下，提高滤波器质量）会降低谐振腔模式的频率，并且多余的谐振腔模式可能会作为伪音通过回路滤波器。为了解决此问题，我们引入了第二个回路（图 3.6（b））[29-32]，以使复杂空腔的模成为两个回路模式的最小公倍数。

在主从配置中实现了类似的方法[33,34]（图 3.6（c）），其中短循环光电振荡器（从）由较长循环光电振荡器（主）注入锁定。如果将连续波激光泵替换为循环光放大器，如掺铒光纤放大器（EDFA）或半导体光放大器（图 3.6（d）），则会实现耦合光电振荡器（COEO），从而产生光脉冲[35-38]。与在双回路和主从配置中一样，该电路由两个回路组成：一个回路是全光回路；另一个回路是光电回路。

在性能方面，基本的光电振荡器和耦合光电振荡器已证明，对于 10GHz 产生的射频信号，在 10kHz 偏移下，相位噪声约为 -115dBc/Hz，而主从光电振荡器配置在相同的射频频率和 10kHz 偏移下，相位噪声约为 -150dBc/Hz。

3.3.4 锁模激光器

通过全光反馈产生光脉冲的激光方案，如上面的最后一个示例，也称为锁模激光器（MLL）[39]。实际上，这些方案通过迫使光学谐振腔的模式具有完全相同的相位（锁模）产生脉冲，因此光信号可以描述为多个谐振腔模式的总和，它们彼此同相，以等于模式间隔的重复率给出光脉冲串作为输出。这些激光器的光谱呈现出大量等距模式，所有模式都具有相同的相位，并且间隔 Δv 取决于腔体长度，即

$$\Delta v = c_n / L_{\text{RT}} \tag{3.7}$$

式中：c_n 为介质中的光速；L_{RT} 为腔的往返长度（对于环形激光器，L 为环的长度；对于线性腔，L 为长度的 2 倍腔）。

锁模激光器已降级为物理部门的实验室很长时间了。2000 年初，它们在光时域复用的光通信研究中变得非常流行。最近，它们发现了与多倍频程超连续谱产生有关的绝对频率测量的重要领域[40]。

考虑到环形腔的锁模激光器的基本方案，如图 3.7（a）所示。该方案考虑了增益介质（如半导体放大器或光纤放大器）和可饱和吸收器（SA），通常称为无源锁模激光器。在稳定状态下，单个光脉冲在环中循环，并且可饱和吸收器使脉冲的峰值以低衰减通过，而脉冲尾部将会遭受更高的损耗。因此，可饱和吸收器强制生成和维护脉冲。在基于频谱的描述中，可饱和吸收器调制腔的衰减，从而迫使模式呈现相同的相位（所有模式均由可饱和吸收器调制，以便在同一时刻减少腔损耗）。然后，光耦合器提取一部分光功率以使其可用。

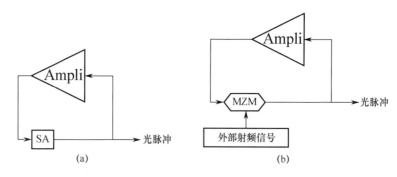

图 3.7 （a）被动锁模激光器的基本方案；（b）有源谐波锁模激光器的方案
（外部射频信号的频率必须是腔基模的整数倍）

锁模激光器可以轻松产生持续时间低于 1ps 的脉冲。因此，它们的光谱可以超过几纳米。为了最小化脉冲宽度并最大化带宽，需要对腔体色散进行精细控制，以避免模式之间的传播延迟。在某些实现中，还利用非线性效应（如 4 波混频和交叉相位调制）来进一步减少脉冲持续时间[41]。

从上述基本配置开始，可以实现数种架构修改。例如，可以将压电激活的可调延迟插入腔中，以将锁模激光器重复频率锁定到外部时钟，并且可以插入滤光器以迫使锁模激光器在特定频谱区域内振荡。还可以使激光腔以高于基频的频率振荡，从而重复率更高，并且光谱模式间隔更大。这可以通过以下方式完成：用电光调制器（如 MZM）代替可饱和吸收器，并使用腔体基频倍数的外部射频信号驱动调制器，从而实现所谓的有源谐波锁模激光器（图 3.7（b））。驱动调制器的射频信号也可以直接由腔体本身导出，实现电光反馈，包括光电二极管、用于选择腔体所需谐波的射频滤波器、放大级以及用于正确驱动调制器的相位控制器。该方案对应于上一段的耦合光电振荡器的描述（图 3.6（d）），也称为再生锁模激光器。对于光电振荡器，腔体越长，相位噪声越低，但是随后出现了寄生腔模的问题，可以像上面针对光电振荡器所讨论的那样进行处理。

与光电振荡器相比，锁模激光器在稳定性方面已显示出非常高的性能，因此它们已广泛建议应用于生成射频信号[42-46]。两种架构间的显著差异来自于以下事实：光电振荡器生成单个射频频率，而锁模激光器几乎可以生成频率为重复频率倍数的任何射频信号[42-46]。

此处必须强调的一点是，同一锁模激光器生成的所有射频信号都彼此相干，即它们具有完全相同的相位，并且它们的相位噪声表现出相同的行为。显然，由于所有可能生成的射频信号都是锁模激光器重复率下射频信号的倍数，因此相位噪声也会倍增，我们认为 $RF_n = n \cdot RF$，可表示为

$$S_{RF,n}(t) = A_{RF,n}(t) \cos\left[2\pi n \nu_{RF} t + n N_{\phi RF}(t)\right] \quad (3.8)$$

从图 3.8 中显示的方法可以明显看出这一点，其中 10GHz、20GHz、30GHz、40GHz 和 50GHz 的射频信号是在 10GHz 下再生锁模激光器生成的。它们的相位噪声显示出相同的形状，但是每增加 1 倍的频率，曲线就会出现 6dB 的转换[47]。

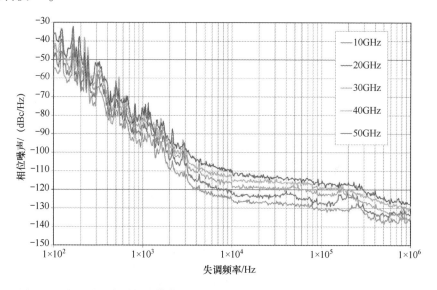

图 3.8　基于再生光纤的锁模激光器以 10 GHz 重复频率生成的 10GHz、20GHz、30GHz、40GHz 和 50GHz 的射频信号测得的相位噪声（见彩插）

需要重点强调的是，对于 10GHz 的信号，在 10kHz 偏移处测得的相位噪声为 -125dBc/Hz。

由于来自锁模激光器的可用锁相模式数量众多，因此还提出了同时生成具有灵活载波频率选择的调制宽带射频信号的方法[48,49]。

3.4　基于光子的射频侦测

在软件定义的环境中侦测射频信号，将需要模数转换器输入带宽从 DC 扩展到 MMW，并因此需要快速的采样速率。近年来，由于电子领域的进步和时

间交错采样技术的推动,在通信领域的要求推动下,类似的 A/D 转换器进入了市场。例如,现在可以使用商用实时示波器,其输入带宽高达 100GHz,采样率高达 240GS/s。遗憾的是,极大的噪声带宽和达到如此高采样率所需的架构复杂性,将侦测到的信号的最大信噪比限制在约 30dB,并且该值对于其他应用领域(如雷达或电子战系统)而言过低,雷达或电子战系统需要信噪比高于 40dB。对于这些应用,仍然可以利用射频下变频和可靠的 A/D 转换器以较低的采样率来管理射频信号的侦测。

图 3.9(a)所示为用于射频下变频的常规方案。对于射频上变频结构,它利用由本机振荡器驱动并由带通滤波器驱动的混频器组成的多个级,以便将侦测到的信号移入 A/D 转换器的带宽。与发射器一样,这些级中的每个级都引入相位和幅度噪声,并且该噪声随侦测到的频率而增加。此外,该架构适用于特定频率,并且不允许轻易改变输入射频频率。

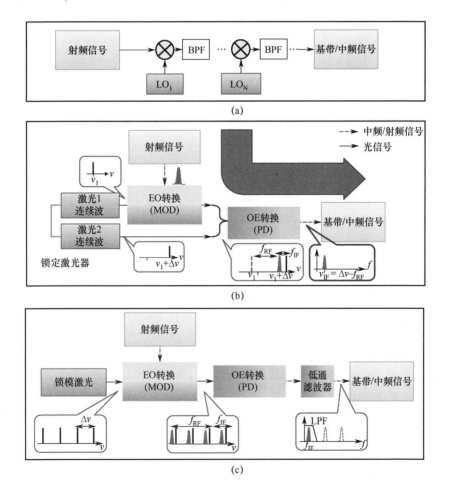

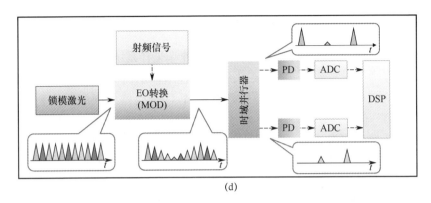

(d)

图 3.9 （a）传统的射频信号侦测；（b）基于光子学变频的射频信号侦测；（c）基于光子欠采样的射频信号侦测；（d）基于光子采样和时间解复用的射频信号侦测

光子学射频侦测利用光调制器的巨大电光带宽将射频信号转换为光域，然后再转换回电域，从而可以更灵活更精确地实现其捕获和数字化[6-10,17,18,42-46,48-52]。迄今为止，我们已经提出了几种用于射频接收器的方案。下面，我们将对主要技术进行回顾，重点介绍它们的独特优势。

3.4.1 通过光子下变频进行射频侦测

类似于通过直接上变频产生射频，可以通过直接下变频实现射频信号的侦测。如上所述（图 3.9（b）），再次利用外差的概念[53]并结合锁相激光线的产生可以有效地实现这一点。

使用梳状锁相激光器作为锁模激光器的光谱时，考虑直接下变频将会非常有用。在图 3.9（c）中，每个梳状激光器都由射频信号调制，从载波产生 f_{RF} 的边带，并从最接近的梳状线将 f_{IF} 失谐。因此，通过光电二极管侦测整个频谱，所有调制边带都以其最接近的激光线跳动，从而产生 f_{IF} 的贡献。所有这些贡献在光电二极管的输出处同相求和，从而将侦测到的射频信号直接下变频为射频。最终，经过低通滤波器后，下变频信号可以通过电气 A/D 转换器[54]进行数字化。因此，该操作是欠采样的一种形式，在光子域中转换。通过这种方法，具有高达 40GHz 的载波频率和 20MHz 带宽的射频信号已在 A/D 转换器中以 100MS/s 的速率数字化，有效位数等于 7[55]。

基于锁模激光器的方案还能够同时对不同频率的多个射频信号进行下变频。实际上，如果我们考虑用两个不同频率的射频信号调制每条激光线，则会从最接近的激光线分别在 f_{IF1} 和 f_{IF2} 生成两个阶的边带。因此，与侦测单个射频信号的情况一样，当光电二极管接收到已调制的锁模激光器频谱时，将会生成两个阶的分量，这些分量在 IF1 和 IF2 处直接下变频。只要相应的下变频射频复制不重叠[54]，这是可行的。

3.4.2 通过光学采样进行射频侦测

来自锁模激光器的光脉冲还可以用作高速率采样系统,直接采样宽带和高频射频信号[50,52,56]。关于直接射频采样,此技术显示出更大的射频输入带宽,并且可以实现较低的采样抖动(这是电子 A/D 转换器的限制因素)。例如,图3.9 (d) 显示了参考文献 [54,56] 中使用的采样方案:光学采样是在射频信号调制锁模激光器脉冲时发生的。从那一刻起,调制脉冲的幅度代表了光学样本(采样率及其抖动由锁模激光器给出)。为了通过精确的 A/D 转换器将样本数字化,于是在快速光交换矩阵中、在时域中对光学样本进行多路分解,以将样本并行化为由精确电子 A/D 转换器同步数字化的较低样本序列。然后必须在数字域中对采集的样本进行交织。通过这种技术,已证明40GHz 信号的信噪比高于42dB[56]。

3.4.3 其他光子学射频接收技术

已经提出了数种其他技术使用光子学来获取射频信号。其中"时间透镜"方法值得一提。通过结合色散光纤扩展时域中的光信号,该技术解决了同时具有足够采样率和精度模数转换器的问题,从而减慢了输出光信号的传输速度并可以更轻松地对其进行采样(即使用低采样率的精密 A/D 转换器)。

由于时间膨胀,难以在任意长的射频信号中使用此种方法。另一方面,雷达系统通常在短射频脉冲下工作,因此它们可以利用"时间透镜"方法。此外,值得一提的是参考文献 [57] 中显示的工作,其中由于采用了波分复用的方法(采样率为150GS/s),已经连续获取了从 DC 到 48GHz 的一个非常宽的射频频段(不进行时间扩展)。

3.5 光子学射频信号的传输和分配

在将射频信号加载到光载波上后,就可以方便地使用光纤来传输信号,从而实现光纤射频传输(RoF)系统。实际上,光纤传输是利用宽带且损耗低(低至0.2dB/km,而射频波导的传输损耗约为数分贝每米),并且无抗电磁干扰。因此,光纤允许长距离传输射频信号而没有明显的失真。例如,这在无线或雷达系统中对天线进行远程处理可能是基本的。此外,光纤轻、小且柔软,因此可以安装在复杂狭窄的地方,如无人驾驶的军用车辆和卫星。

光纤射频传输系统的性能指标与标准射频链路的性能指标相同,并通过一组相关的数字进行了总结,如增益、噪声系数(NF)、无杂散动态范围(SFDR)和三阶截距。

基础光纤射频传输方案是通过在激光器的振幅上调制射频信号,通过光纤发送并在光纤链路另一端用光电二极管(强度调制、直接侦测)直接侦测实现的。可以通过直接调制激光源(图3.10(a))或通过如 MZM 的外部调制(图3.10(b))实现幅度调制。

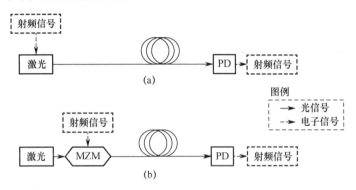

图3.10 (a)直接调制激光源;(b)外部调制的光纤射频传输系统方案

还可以采用其他方法(例如,在光学相位或偏振上调制模拟信号,或者通过用第二光学载波混合调制后的载波而不是简单地将在光电侦测器中调整来实现相干侦测)。到目前为止,这里我们仅关注调幅问题,因为这是广泛部署的方案。

考虑到既不进行电放大也不进行光放大的链路,文献中显示的增益范围在小于 -20dB 的数量级,并且由于不同的组件、调制技术和特定架构解决方案而在很大程度上扩展。直接调制链路的增益受到激光调制效率(0.1~0.3 W/A 左右)的限制。相反,在外部调制的链路中,可以更容易地增加增益,主要取决于激光功率和调制器的通断开关电压(通常称为 V_π)。通过利用大功率激光器和低 V_π 调制器,已显示高于 10 W/A 的调制效率和正的链路增益[58]。

噪声系数很大程度上取决于链路增益和组件的固有噪声特性(如激光相对强度噪声[RIN])。如果在链路之前的方案中引入了低噪声放大器,则当然可以实现噪声系数和增益的显著改善。信噪比受链路中噪声源的影响,主要是激光器的相对强度噪声、光电二极管的散粒噪声和热噪声。在高光电流下(在高光功率下),信噪比受到激光相对强度噪声性能的限制。最后,无杂散动态范围提供了动态范围和噪声特性的整体图。无杂散动态范围通常受调制器和光电侦测器的非线性以及链路输出噪声的限制。通过使用线性化调制器,可以得到最佳的报告值(约134dB·$Hz^{2/3}$)[58]。

目前,商业光纤射频传输系统可确保高达 20GHz 的模拟带宽和 -25dB 的增益(外部调制,无放大),高达 146dB/Hz 的信噪比和高达 109dB·$Hz^{2/3}$ 的无杂散动态范围。

考虑到将光纤射频传输系统应用于如雷达的无线电系统，电光和光电信号转换的管理可以通过上述上变频和下变频方案实现，也可以通过直接调制光发射器侧光载波上的射频信号，然后在光接收器侧宽带光电二极管中侦测光信号来实现。如果将光纤链路用于远程接收天线，如在雷达系统中，则可以方便地将激光保持在基站上，首先通过光纤将未调制的光载波发送到天线；然后移动到光调制器的天线上，其中载波会加载接收到的射频信号（图3.11）[59]。

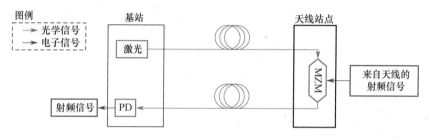

图3.11　接收器天线远程处理的光纤射频传输方案（见彩插）

在雷达系统的特定应用中，光纤射频传输解决方案会出现两个可能的问题。第一个与运输系统的可用线性动态范围有关。实际上，作为雷达或电子战系统的应用需要非常宽的动态范围，而使用外部光幅度调制的光纤射频传输系统通常会受到调制器本身引起的非线性影响。为了增加最大线性动态范围，已经开发了利用相位调制（PM）的光纤射频传输系统。虽然此种调制是非常线性的，但是射频信号的光电转换变得非常复杂，需要使用鉴频器实现直接侦测，甚至需要更复杂的相干侦测方案[59]。

第二个问题是当射频信号通过双边带幅度调制在光载波上传输时色散的影响。实际上，如果光纤链路的总色散足够高（如由于长的光纤链路），则由于色散两个边带的某些频率分量可能会经历明显不同的相移，这会为完全异相频率下系统的透射率提供一个等级。为了抑制衰落，可以利用相位调制或利用单边带（SSB）幅度调制。在抑制了衰落影响后，由于使用了光放大器（EDFA），光纤射频传输系统可用于覆盖长达数百千米的跨度。此外，射频信号可以跨网络分布，如用于在复杂系统中作为同步加速器进行精确的时钟分配，也可以用于在雷达网络中分配射频信号[60]。

3.6　微波信号的光学滤波

滤波是射频信号最常见的"处理"操作。电子滤波是低频信号的主要功能，但当信号频率增加时，这将成为一个复杂的问题。实际上，如平坦度、边缘陡度和带外抑制之类的滤波器参数会随中心频率而变差，因此需要复杂的高性能空腔滤波器。这些通常是固定的滤波器，因此会降低整个系统的灵活性。

考虑到雷达的应用，这意味着对软件定义方法的严格限制。如第 2 章和第 7 章详细说明的那样，它还会对电子战系统造成严重后果。

另外，在光子域中调谐滤波器要容易得多。当考虑到光学滤波器选择载波频率接近 200THz 的电磁场（即光信号），并且微波光子学应用所需的最大滤波器调谐范围只有几十吉赫时，这一点就变得很清楚了：可调性只是滤波器中心频率的一小部分（约 10^{-4}）。

微波光子滤波器的基本方案如图 3.12 所示。首先通过调制激光将射频信号传输到光域，并假设实现了单边带调制。调制光信号的频谱由载波和调制边带组成，调制边带是转换为光频率的射频信号的副本。然后，使用光学可调滤波器来选择调制边带的一部分。在重新引入光载波并进行异质化之后，光电二极管会返回经过光滤波器滤光的射频信号。

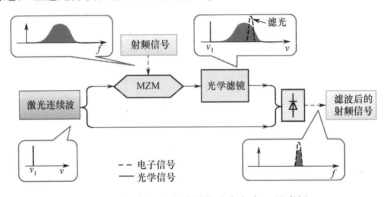

图 3.12　微波光子滤波器的基本方案（见彩插）

可以容易地调整滤光器，从而改变滤光器结构中的某些物理特性。例如，这可以通过热效应（调整时间为几百微秒或更长时间）或通过更快的载流子注入（调整时间降至 1ns[61]）来实现。另外，调谐的可能性是改变激光的波长，同时保持滤光片位置固定。

微波滤波器的等效形状遵循光滤波器的形状。因此，光滤波器必须满足射频应用的滤波要求。除了可调性（这是光子学可以实现的简单功能）之外，对于滤光器的其他数个要求，如果考虑其中心频率在 200THz 左右，则可能非常具有挑战性。例如，1GHz 的滤波器带宽对应于约 2×10^5 的品质因子！

为了达到射频系统所需的技术规范，通常通过干涉结构实现微波光滤波器[62]。典型的例子是法布里 – 珀罗滤波器，它是通过将两个半透明的反射镜彼此面对而实现的：只有当光的波长是谐振器内部光路长度的整数倍时，进入结构的光才获取并聚集。实际上，在这种假设下，进入结构的每束新光都与捕获的光同相加。相反，不遵守该假设的波长反而会增加不连贯性并趋于衰减。在滤波器的输出处，一部分累积的光会透射。因此，滤波器的输入/输出特性在谐振波长处显示出透射峰，而其他波长则迅速衰减。

传输窗口的3dB带宽是法布里－珀罗滤波器的重要参数。这取决于谐振器的质量，即光可以在腔中循环多长时间。腔中的光子寿命越长，带宽越窄。因此，法布里－珀罗滤波器的3dB带宽受半透明反射镜的反射率以及谐振腔的固有损耗的影响。

通过与法布里－珀罗滤波器进行比较，可以描述几种其他类型的光学滤波器。例如，光纤布拉格光栅（FBG）可以看作法布里－珀罗滤波器，其中半透明镜由布拉格光栅代替。光纤布拉格光栅提供了实现非常长的布拉格光栅（反射镜）的可能性，因此滤波器带宽可以小于法布里－珀罗滤波器。

另一个类似的架构是微环谐振器（MRR）（图3.13（a））。通过集成光子技术的发展，可以使这种结构成为可能，并且该结构包括呈环形构造的波导，该波导弱耦合至馈电波导。共振波长的光会捕获在微环中，并且不释放，从而实现了陷波滤波器。这类似于具有一个反射镜的法布里－珀罗滤光镜，其特征在于拥有全反射率。给定滤波器的结构，这在全通滤波器（APF）配置中称为微环谐振器。如果添加了第二个波导，则会实现添加/删除配置，并且滤波器可以用作带通滤波器。

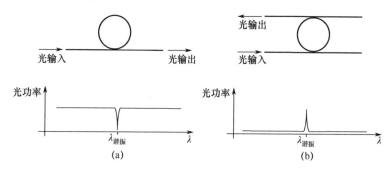

图3.13 微环谐振器方案
(a) 采用全通滤波器配置；(b) 在添加/删除配置中

通过精确设计集成的微环谐振器，可以显著提高法布里－珀罗滤波器的光子寿命。尤其是，减少内在损失是最重要的发展领域。这可以通过优化环形波导的设计（如粗糙度、半径、折射率对比）或选择传播损耗最低的材料来实现[63]。可以找到后一种方法的示例，其中微环谐振器被在超低损耗玻璃中实现的微型托环代替，并且光以回音壁模式的形式循环[64]。这样已经达到了超过 1×10^6 超量的品质因子。该结果在作为光电振荡器的应用中特别有用（见3.2节）。

上面的示例全部实现了具有洛伦兹形状的滤光器，该滤光器显示出非平坦的顶部和缓慢衰减的边缘。因此，此种形状限制了微波领域的适用性，在微波领域中，高选择性（即强烈抑制相邻频率分量的能力）至关重要。取而代之的是，必须具有窄的平顶带通、过渡带的陡峭斜率和高阻带抑制比的光学滤波器。在此范围内，已经提出了基于高阶微环谐振器的架构，其中多个微环谐振器串联级联[50,51]，以 70MHz 的数量级显示带宽，阻带抑制大于 50dB。

实现对微波应用有用的滤波器功能的另一种可能结构是加载了微环谐振器的马赫曾德尔干涉仪[65,66]，它可以实现各种阶次的切比雪夫滤波器形状。图 3.14 所示为仅加载一个微环谐振器的马赫曾德尔结构，该结构提供了三阶切比雪夫的滤波功能。

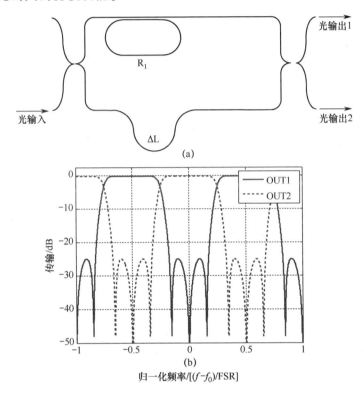

图 3.14　基于微环谐振器的马赫曾德尔干涉仪的方案和滤波功能示例

$\lambda/4$ 波长相移布拉格光栅给出了另一种可能性。在这些结构中，布拉格光栅中心的扰动偏移了布拉格波长的 1/4，从而产生了两个半波法布里-珀罗谐振腔。通过实现矩形的光谱响应，这改善了单腔法布里-珀罗滤波器[67]。通过将这种方法扩展到几个相移部分，可以在光栅阻带内定制一个清晰的透射窗口，从而实现盒状传递功能。基于光纤布拉格光栅，已经报道了具有 650MHz 带宽和矩形传输形状的 10 阶（包括 10 个相移部分）PSBG 滤波器的示例[68]。另外，集成光子技术获得了有用的结果，特别是允许具有 6 个相移部分和大于 35dB 的带外抑制的超紧凑型设备[69]（图 3.15）。

如果可以调整相关的激光器，则上述光学滤波器都可以实现可调谐的微波滤波器（图 3.12）。无论如何，一些描述的实现可以自己调整。例如，可以通过热或载流注入来调整使用微环谐振器的结构（前提是它们是用掺杂的导电半导体材料实现）。这是至关重要的，因为光子学滤波器的快速且宽泛的调谐范围是电子战系统的一项基本功能，可以在态势感知是至关重要的情况下对射频频谱进行自适应扫描。

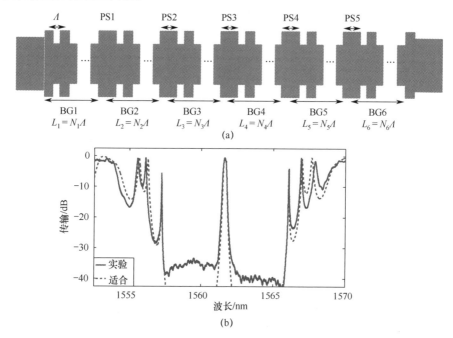

图 3.15　相移布拉格光栅：结构和滤波器响应

此外，重要的是要强调，包含微环谐振器级联的滤波器结构可以重新配置，实现软件定义的微波滤波器，该滤波器可以在频率和形状上进行调整[70]：这是光子学可以带给应用的独特功能。微波领域，可能会开拓出全新的，尚未开发的可能性。

3.7　射频信号的波束成形

相控阵天线中射频信号的波束形成（也称为有源电子控制天线）可以控制发射的射频波束而无需物理移动天线。由于该解决方案可以显著减小天线的尺寸和质量（不需要任何活动部件），因此在包括雷达、电子战和通信在内的越来越多的应用中使用了该解决方案。在相控阵天线中，控制每个天线元件处的信号发射时间，以便合成由整个天线阵列产生信号的波前，以在所需方向上传播。

通常通过电子移相器来控制每个天线元件处信号的发射时间，因为如果延迟小且信号带宽远小于载波频率，则相移是时间延迟的正确近似值。实际上，根据这些假设，可以用载波周期的分数来描述时间延迟。当相控阵天线传输宽带信号时，上面的近似值不再成立。实际上，在此种情况下，宽信号频谱中所有频谱分量的恒定相移将使不同的频率具有不同的延迟。因此，当信号是宽带时，相移方法会引起波束倾斜[2]：信号频谱的不同频率对准不同的角度，从而失去天线的方向性和增益。为了避免这种情况，必须在每个天线元件上控制真实时间延迟（TTD）。

在当前电子控制的相控阵天线中，相移是通过模拟射频移相器实现的。相反，在宽带信号的情况下，通过每个天线元件处理数字信号以便在采样上合成延迟，从而在数字域（而不是在模拟射频域）中实现真实时间延迟。此操作需要强大的数字处理能力，通常仅保留给高性能应用程序使用。

如果射频信号在光子域中传输，则利用光子的巨大带宽、频率灵活性和抗电磁干扰不敏感特性，很容易实现相移或真实时间延迟。对于相移和真实时间延迟，都有数种不同的解决方案。在下面的讨论中，我们将描述考虑传输中波束成形的方法，但是相同的方法可用于控制接收相控阵天线中的侦测方向。

让我们考虑通过单边带调制加载到激光器上的射频信号。为了对光传输的射频信号进行相移，必须相对于边带对光载波进行相移。这样，在光信号被光电二极管转换回射频域，载波和边带间的相位差变化将传递到射频信号。可以通过以下方式实现：首先在光学解交织器中分离载波和边带（如上面介绍的加载微环谐振器的马赫曾德尔干涉仪）；然后在重新组合载波和边带之前，如在相位调制器中单独移动载波（图3.16（a））[71,72]。仅移动载波的另一种可能方式是使用特定波长的移相器。例如，在特定假设下，关于波导和环之间耦合的微环谐振器实现了全通滤波器，该全通滤波器会在其谐振波长范围内引起360°陡峭的相移。如果将光学载体放置在靠近微环谐振器谐振的位置，则稍微改变载体的相互位置和微环将改变载体的相位而不会影响边带（图3.16（b））[73,74]。这些方法可以利用光子技术确保的快速相位控制，从而可以实现比1 ns更快的相位调谐时间，而不管很容易高达几十吉赫的射频载波频率。

另外，利用几种不同方法已证明了光子学有效真实时间延迟。第一种方法，也是最简单的方法是利用光波导的低损耗来通过光路切换实现可变的延迟（图3.17（a））。信号在具有不同长度的数个光路之间切换，因此具有不同的传播时间[75]。

第二种方法是利用由于色散[75-78]引起的激光传播时间在介质中的波长依赖性：考虑通过光纤传输的调制激光，如果改变激光波长，则色散元件中的传播时间也会改变。因此，可以通过控制光信号的波长来控制光信号的延迟。如果每个天线元件的射频信号加载到独立的激光器上，则通过调谐激光器，可以控制阵列中每个元件的射频信号的发射时间。例如，色散补偿光纤的色散约为

-100ps/(nm·km),因此,如果有1km的线轴可用,则载波波长调整为1nm将在到达时间上产生等于100ps的变化。

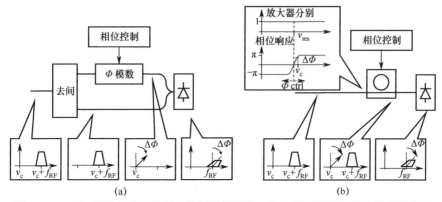

图 3.16 (a) 通过解交织和相位控制进行相移;(b) 通过特定波长的移相器进行相移,作为全通配置中的微环谐振器

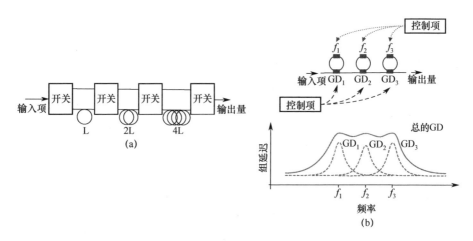

图 3.17 (a) 基于路径切换的光子学真实时间延迟;(b) 基于微环谐振器的群时延(GD)综合的宽带真实时间延迟原理

第三种方法是利用所谓的慢光效应,即仅通过控制光学边带的群时延来仿真真实时间延迟[79]。该方法基于以下概念:延迟是相位的波长导数,因此通过在频谱中以可调整的陡度合成相位变化,可以控制光信号的延迟。此种方法的一个很好实现是利用了数个级联的光学微环群时延[80],通过环中的相位控制来控制它们的共振频率,并通过环和波导间的耦合控制群时延(图3.17(b))。最后一个示例非常重要,因为它已经展示了基于真实时间延迟的光子集成波束形成网络,以适用于高频宽带信号。

因此,光学真实时间延迟是用于高性能波束形成的极其有用的解决方案。

然而，它的实现实际上是复杂的，特别是如果在集成光子学中实现可调谐真实时间延迟，如参考文献［80］中所述，其中必须在每个天线元件上同时控制数个参数。因此，如果目标应用程序不使用超宽带信号，则基于光相移的方法会更方便，对有限的倾斜操作进行折中，同时显著降低操作的复杂性[72]。

3.8 片上实现：最新技术、未来趋势和前景

为了减少基于光子学子系统的SWaP，并提高其可靠性和对恶劣环境的适应性，需要基于集成光子学的片上实现。硅、III－V族化合物和玻璃技术是迄今为止制造光子集成电路（PIC）的最成熟平台。此处讨论的光子子系统都可以使用最适合的技术进行优化，但是任何可用的技术平台都适用于所有这些子系统。这意味着将不同平台光子集成电路连接在一起的混合集成方法，是制造整个光子学微波系统的最可行解决方案。

然而，鲜有组件是必不可少的，特别是考虑到苛刻的雷达或电子战应用更是如此。具有非常高品质因子的可调谐滤光器，用于模式选择和边带/载波滤波，用于电光转换的高度线性相位和幅度调制器，用于电光转换的低噪声和高响应度光电侦测器是基本设备的示例，其性能会严重影响整个微波子系统的性能，因此必须认真实现。最近报道了基于硅技术的平顶陡峭超窄光学滤波器，其环形谐振器的带宽约为几千兆赫兹或更低，带外抑制超过40dB[81-83]。可以通过在磷化铟（InP）平台中进行电吸收来实现高效的调制器，其显示出极低的驱动电压（峰间值为1 V[84]），这是控制功耗的重要因素。同时，基于磷化铟的马赫曾德尔调制器近年来得到了很大的改进[85-87]，并已以合格的高性能进入市场。在大功率应用情景中，典型的光电侦测器是单行进载流子（UTC）型光电二极管[88]，然而最近人们已经提出了一种新的UTC结构，该架构拥有1.5mm厚p－InGaAs吸收层，可以实现高响应性[89]。

3.9 小结

我们在本章简要分析了微波光子学的主要概念和功能：微波信号的生成、侦测和分布、射频信号的滤波，以及相控阵天线中波束成形功能的相位或时间延迟控制。

从提出的方案和结果，应该清楚的是，光子学确实具有巨大的潜力来改变微波场。特别是，可以在微波系统中利用光子学带来的频率灵活性和精度来实现新的性能和新的功能。

这些方面将成为第4～第7章的主题。

参 考 文 献

[1] T. Debatty, "Software defined radar: a state of the art", 2nd International Workshop on Cognitive Information Processing, Elba, Italy, 2010.

[2] M.L. Skolnik, "Introduction to radar systems", 2nd Ed., McGraw-Hill, New York, 1980.

[3] M. Richards, J.A. Scheer, and W. A. Holm, "Principle of Modern Radar: basic principle", Raleigh, NC, USA: SciTech Publishing, 2010.

[4] J.B. Tsui, "Digital techniques for wideband receivers", 2nd Ed, Raleigh, NC, USA: SciTech Publishing, 2004.

[5] R. Walden, "Analog-to-digital conversion in the early twenty-first century", Wiley Encyclopedia of Computer Science and Engineering, 2008.

[6] A.J. Seeds, C.H. Lee, and M. Naganuma, "Guest editorial: microwave photonics". IEEE Journal of Lightwave Technology, vol. 21, no 12, pp. 2959–2960, 2003.

[7] C.H. Cox, and E.I. Ackerman, "Microwave Photonics: past, present and future", International Topical meeting on Microwave Photonics, pp. 9–11, 2008.

[8] J. Capmany, and D. Novak, "Microwave Photonics combines two worlds". Nature Photonics, vol. 1, no. 6, pp. 319–330. 2007.

[9] J. Yao, "Microwave photonics". IEEE Journal of Lightwave Technology, vol. 27, no. 22, pp. 314–335, 2009.

[10] J. Yu, Z. Jia, T. Wang, and G.K. Chang, "Centralized lightwave radio-over-fiber system with photonic frequency quadrupling for high-frequency millimeter-wave generation", IEEE Photonics Technology Letters, vol. 19, no. 19, pp. 1499–1501, 2007.

[11] T. Healy, F.C. Garcia Gunning, A.D. Ellis, and J.D. Bull, "Multi-wavelength source using low drive-voltage amplitude modulators for optical communications". Optics Express, vol. 15, no. 6, pp. 2981–2986, 2007.

[12] A.J. Metcalf, V. Torres-Company, and D.A.M. Weiner, "High-power broadly tunable electrooptic frequency comb generator". IEEE Journal of Selected Topics in Quantum Electronics vol. 19, no. 6, 2013.

[13] V. Torres-Company, and A.M. Weiner, "Optical frequency comb technology for ultra-broadband radio-frequency photonics". Laser and Photonics Reviews, 8, 3, 2013.

[14] R. Wu, V.R. Supradeepa, C.M. Long, D.E. Leaird, and A.M. Weiner, "Generation of very flat optical frequency combs from continuous-wave lasers using cascaded intensity and phase modulators driven by tailored radio frequency waveforms". Optics Letters, vol. 35, no. 19, pp. 3234–3236, 2010.

[15] D. Onori, F. Scotti, F. Laghezza, *et al.*, "A photonically-enabled compact 0.5 28.5 GHz RF scanning receiver". Journal of Lightwave Technology.,

10.1109/JLT.2018.2792304

[16] C.J. Buczek, R.J. Freiberg, and M.L. Skolnick, "Laser injection locking". Proceedings of the IEEE, vol. 61, no. 10, 1973.

[17] S. Pan, and J. Yao, "Wideband and frequency-tunable microwave generation using an optoelectronic oscillator incorporating a Fabry–Perot laser diode with external optical injection". Optics Letters, vol. 35, no. 11, pp. 1911–1913, 2010.

[18] L. Maleki, "The optoelectronic oscillator". Nature Photonics, vol. 5, no. 12, pp. 728–730, 2011.

[19] E. Rubiola, "The Leeson effect: PM and AM noise and frequency stability in oscillators, including OEOs and lasers". European Frequency and Time Forum (EFTF), 2014. IEEE, 2014.

[20] X.S. Yao, and L. Maleki, "High frequency optical subcarrier generator". Electronic Letters, vol. 30, no. 18, pp. 1525–1526, 1994.

[21] X. S. Yao, and L. Maleki, "Optoelectronic oscillator for photonic systems". IEEE Journal of Quantum Electronics, vol. 32, no. 7, pp.1141–1149, 1996.

[22] X. S. Yao, and L. Maleki, "Converting light into spectrally pure microwave oscillation". Optics Letters, vol. 21, no. 7, pp. 483–485, 1996.

[23] X. S. Yao, and L. Maleki, "Optoelectronic microwave oscillator". Journal of the Optical Society of America B, vol. 13, no. 8, pp. 1725–1735, 1996.

[24] V.S. Ilchenko, X.S. Yao, and L. Maleki, "High-Q microsphere cavity for laser stabilization and optoelectronic microwave oscillator". In Laser Resonators II, Proceedings of SPIE, San Jose, CA, USA, pp. 190–198, January 1999.

[25] L. Maleki, V. Iltchenko, S. Huang, and A. Savchenkov, "Micro optical resonators and applications in optoelectronic oscillators". In Proceedings of the IEEE International Topical Meeting on Microwave Photonics (MWP '02), Long Beach, CA, USA, January 2002.

[26] A.B. Matsko, L. Maleki, A.A. Savchenkov, and V.S. Ilchenko, "Whispering gallery mode based optoelectronic microwave oscillator". Journal of Modern Optics, vol. 50, no. 15–17, pp. 2523– 2542, 2003.

[27] A.A. Savchenkov, V.S. Ilchenko, J. Byrd, et al., "Whispering gallery mode based opto-electronic oscillators". In Proceedings of the IEEE International Frequency Control Symposium (FCS '10), Newport Beach, CA, USA, pp. 554–557, June 2010.

[28] W. Loh, S. Yegnanarayanan, J. Klamkin, et al, "Amplifier-free slab-coupled optical waveguide optoelectronic oscillator systems". Optic Express, vol. 20, no. 17, pp. 19589–19598, 2012.

[29] X.S. Yao, L. Maleki, Y. Ji, G. Lutes, and M. Tu, "Dual-loop optoelectronic oscillator". In Proceedings of the IEEE International Frequency Control Symposium (FCS '98), Pasadena, CA, USA, pp. 545–549, May 1998.

[30] X.S. Yao, and L. Maleki, "Multiloop optoelectronic oscillator". IEEE Journal of Quantum Electronics, vol. 36, no. 1, pp. 79–84, 2000.

[31] E. Shumakher, and G. Eisenstein, "A novel multiloop optoelectronic oscil-

lator". IEEE Photonics Technology Letters, vol. 20, no. 22, pp. 1881–1883, 2008.

[32] T. Bánky, B. Horváth, and T. Berceli, "Optimum configuration of multiloop optoelectronic oscillators". Journal of the Optical Society of America B, vol. 23, no. 7, pp. 1371–1380, 2006.

[33] W. Zhou and G. Blasche, "Injection-locked dual opto-electronic oscillator with ultra-low phase noise and ultra-low spurious level" IEEE Transactions on Microwave Theory and Techniques, vol. 53, no. 3, 2005.

[34] E. Levy, M. Horowitz, O. Okusaga, C. Menyuk, G. Carter, and W. Zhou, "Study of dual-loop optoelectronic oscillators". IEEE International Frequency Control Symposium, 2009 Joint with the 22nd European Frequency and Time forum.

[35] X.S. Yao, L. Davis, and L. Maleki, "Coupled optoelectronic oscillators for generating both RF signal and optical pulses". Journal of Lightwave Technology, vol. 18, no. I, 2000.

[36] X.S. Yao, L. Maleki, and L. Davis, "Coupled opto-electronic oscillators". 1998 IEEE International Frequency Control Symposium.

[37] J. Lasri, A. Bilenca, D. Dahan, et al., "A self-starting hybrid optoelectronic oscillator generating ultra low jitter 10-GHz optical pulses and low phase noise electrical signals". IEEE Photonics Technology Letters, vol. 14, no. 7, 2002.

[38] J. Lasri, P. Devgan, R. Tang, and P. Kumar. "Self-starting optoelectronic oscillator for generating ultra-low-jitter high-rate (10 GHz or higher) optical pulses". Optic Express, vol. 11, no. 12, p. 1430, 2003.

[39] U. Kellers, "Recent developments in compact ultrafast lasers". Nature, vol. 424, pp. 831–838, 2003.

[40] T. Udem, R. Holzwarth, and T.W. Hänsch. "Optical frequency metrology". Nature, vol. 416, pp. 233–237, 2002.

[41] H.A. Haus, "Mode-locking of lasers". IEEE Journal of Selected Topics in Quantum Electronics, vol. 6, no. 6, 2000.

[42] H. Chi, and J.P. Yao, "An approach to photonic generation of high frequency phase-coded RF pulses". IEEE Photonics Technology Letters, vol. 19, no. 10, pp. 768–770, 2007.

[43] I.S. Lin, J.D. McKinney, and A.M. Weiner, "Photonic synthesis of broadband microwave arbitrary waveform applicable to ultrawideband communication". IEEE Microwave and Wireless Components Letters, vol. 15, no. 4, pp. 226–228, 2005.

[44] J. A. Nanzer, P.T. Callahan, M.L. Dennis, and T.R. Clark Jr. "Photonic signal generation for millimeter-wave communications", Johns Hopkins APL Technical Digest, vol. 30, no. 4, pp. 299–308, 2012.

[45] T. Yilmaz, C.M. DePriest, T. Turpin, J.H. Abeles, and P.J. Delfyett, "Toward a photonic arbitrary waveform generator using a modelocked external cavity semiconductor laser". IEEE Photonics Technology Letters, vol. 14, no. 11, pp. 1608–1610, 2002.

[46] J. Chou, Y. Han, and B. Jalali, "Adaptive RF-photonic arbitrary waveform generator". International Topical Meeting on Microwave Photonics,

pp. 1226–1229, 2002.

[47] G. Serafino, P. Ghelfi, P. Perez-Millan, et al., "Phase and amplitude stability of EHF-band radar carriers generated from an active mode-locked laser". IEEE Journal of Lightwave Technology, v. 29, no. 23, pp. 3551–3559, 2011.

[48] P. Ghelfi, F. Scotti, F. Laghezza, and A. Bogoni, "Phase coding of RF pulses in photonics-aided frequency-agile coherent radar systems". IEEE Journal of Quantum Technology, vol. 48, no. 9, pp. 1151–1157, 2012.

[49] P. Ghelfi, F. Scotti, F. Laghezza, and A. Bogoni, "Photonic generation of phase-modulated RF signals for pulse compression techniques in coherent radars". IEEE Journal of Lightwave Technology, vol. 30, no. 11, pp. 1638–1644, 2012.

[50] G.C. Valley, "Photonic analog-to-digital converters". Optics Express, vol. 15, no 5, pp. 1955–1982, 2007.

[51] P.W. Juodawlkis, J.C. Twichell, G.E. Betts, et al., "Optically sampled analog-to-digital converters". IEEE Transactions on Microwave Theory and Techniques, vol. 49, no. 2, pp. 1840–1853, 2001.

[52] P.W. Juodawlkis, J.C. Twichell, G.E. Betts, et al., "Optically sampled analog-to-digital converters". IEEE Transaction on Microwave Theory and Techniques, vol. 49 no. 10, pp. 1840–1853, 2001.

[53] C. Boheémond, T. Rampone, and A. Sharaiha, "Performances of a photonic microwave mixer based on cross-gain modulation in a semiconductor optical amplifier". IEEE Journal of Lightwave Technology, vol. 29, no. 16, pp. 2402–2409, 2011.

[54] F. Laghezza, F. Scotti, P. Ghelfi, and A. Bogoni, "Photonics-assisted multiband RF transceiver for wireless communications". IEEE Journal of Lightwave Technology, vol. 32, no. 16, pp. 2896–2904, 2014.

[55] P. Ghelfi, F. Laghezza, F. Scotti, D. Onori, and A. Bogoni, "Photonics for radars operating on multiple coherent bands". Journal of Lightwave Technology, vol. 33, no. 2, pp. 500–507, 2016.

[56] F. Laghezza, F. Scotti, P. Ghelfi, S. Pinna, G. Serafino, and A. Bogoni, "Jitter-limited photonic analog-to-digital converter with 7 effective bits for wideband radar applications". IEEE Radar Conference, Ottawa, ON: Canada, pp. 906–920, 2013.

[57] J. Chou, J. Conway, G. Sefler, G. Valley, and B. Jalali, "150 GS/s real-time oscilloscope using a photonic front end". International Topical Meeting on Microwave Photonics, pp. 35–38, 2008.

[58] C.H. Cox, E.I. Ackerman, and J.L. Prince, "Limits on the performance of RF-over-fiber links and their impact on device design". IEEE Transactions on Microwave Theory and Techniques, vol. 54, no. 2, 2006.

[59] J. Beas, G. Castanon, I. Aldaya, A. Aragon-Zavala, and G. Campuzano, "Millimeter-wave frequency radio over fiber systems: a survey". IEEE Communications Surveys & Tutorials, vol. 15, no. 4, 2013.

[60] S. Futatsumori, K. Morioka, A. Kohmura, K. Okada, and N. Yonemoto, "Design and field feasibility evaluation of distributed-type 96 GHz FMCW

millimeter-wave radar based on radio-over-fiber and optical frequency multiplier". Journal of Lightwave Technology, vol. 34, no. 20, 2016.

[61] J. Tao, C. Hong, Y. Gu, and A. Liu, "Demonstration of a compact wavelength tracker using a tunable silicon resonator". Optics Express, vol. 22, no. 20, pp. 24104–24110, 2014.

[62] J. Capmany, B. Ortega, and D. Pastor, "A tutorial on microwave photonic filters". IEEE Journal of Lightwave Technology, vol. 24, no. 1, pp. 201–229, 2006.

[63] B. Min, E. Ostby, V. Sorger, et al., "High-Q surface-plasmon-polariton whispering-gallery microcavity". Nature, vol. 457, no. 7228, pp. 455–458, 2009.

[64] S.V. Ilchenko, M.L. Gorodetsky, X.S. Yao, and L. Maleki "Microtorus: a high-finesse microcavity with whispering-gallery modes". Optics Letters, vol. 26, no. 5, pp. 256–258, 2001.

[65] M.S. Rasras, D.M. Gill, S.S. Patel, et al., "Demonstration of a fourth-order pole-zero optical filter integrated using CMOS processes". Journal of Lightwave Technology, vol. 25, no. 1, pp. 87–92, 2007.

[66] G. Serafino, C. Porzi, V. Sorianello, et al., "Design and characterization of a photonic integrated circuit for beam forming in 5G wireless networks". Int. Top. Meet. Microwave Photonics (MWP) 2017, Mo1.4, Beijing, 2017.

[67] H.A. Macleod, "Thin-film optical filters," Boca Raton, FL, USA: CRC Press, 2001.

[68] X. Zou, M. Li, W. Pan, L. Yan, J. Azana, and J. Yao, "All-fiber optical filter with an ultra-narrow and rectangular spectral response". Optics Letters, vol. 38, no. 16, pp. 3096–3098, 2013.

[69] C. Porzi, G. Serafino, P. Velha, P. Ghelfi, and A. Bogoni, "Integrated SOI high-order phase shifted Bragg grating for microwave photonics signal processing". Journal of Lightwave Technology, vol. 35, no. 20, pp 4479–4487, 2017.

[70] H. Shen, M.H. Khan, L. Fan, et al., "Eight-channel reconfigurable microring filters with tunable frequency, extinction ratio and bandwidth". Optics Express, vol. 18, no. 17, pp. 18067–18076, 2010.

[71] G. Serafino, C. Porzi, V. Sorianello, et al., "Design and characterization of a photonic integrated circuit for beam forming in 5G wireless networks". MWP 2017.

[72] F. Falconi, C. Porzi, S. Pinna, et al., "Fast and linear photonic integrated microwave phase-shifter for 5G beam-steering applications". OFC 2018.

[73] M. Pu, L. Liu, W. Xue, et al., "Widely tunable microwave phase shifter based on silicon-on-insulator dual-microring resonator". Optics Express, vol. 18, no. 6, pp. 6172–6182, 2010.

[74] D.B. Adams, and C.K. Madsen, "A novel broadband photonic RF phase shifter". Journal of Lightwave Technology, vol. 26, no. 15, pp. 2712–2717, 2008.

[75] R. Soref, "Optical dispersion technique for time-delay beam steering". Applied Optics, vol. 31, no. 35, pp. 7395–7397, 1992.

[76] L. Yaron, R. Rotman, S. Zach, and M. Tur, "Photonic beamformer receiver with multiple beam capabilities". IEEE Photonics Technology Letters, vol. 22, no. 23, pp. 1723–1725, 2010.

[77] K. Prince, M. Presi, A. Chiuchiarelli, *et al.*, "Variable delay with directly-modulated R-SOA and optical filters for adaptive antenna radio-fiber access". IEEE Journal of Lightwave Technology, vol. 27, no. 22, pp. 5056–5064, 2009.

[78] F. Scotti, P. Ghelfi, F. Laghezza, G. Serafino, S. Pinna, and A. Bogoni, "Flexible true-time-delay beamforming in a photonics-based RF broadband signals generator". IET Conference Proceedings, London, UK, pp. 789–791, 2013.

[79] A. Zadok, O. Raz, A. Eyal, and M. Tur, "Optically controlled low-distortion delay of GHz-wide radio-frequency signals using slow light in fibers". IEEE Photonics Technology Letters, vol. 19, no. 7, pp. 462–464, 2007.

[80] A. Meijerink, C.G. Roeloffzen, R. Meijerink, *et al.*, "Novel ring resonator-based integrated photonic beamformer for broadband phased array receive antennas—part i: design and performance analysis". IEEE Journal of Lightwave Technology, vol. 28, no. 1, pp. 3–18, 2010.

[81] P. Alipour, A.A. Eftekhar, A.H. Atabaki, *et al.*, "Fully reconfigurable compact RF photonic filters using high-Q silicon microdisk resonators". Optics Express, vol. 19, no. 17, pp. 15899–15907, 2011.

[82] P. Dong, N.N. Feng, D. Feng, *et al.*, "GHz-bandwidth optical filters based on high-order silicon ring resonators". Optics Express, vol. 18, no. 23, pp. 23784–23789, 2010.

[83] M.S. Rasras, K.Y. Tu, D.M. Gill, *et al.*, "Demonstration of a tunable microwave-photonic notch filter using low-loss silicon ring resonators". IEEE Journal of Lightwave Technology, vol. 27, no. 12, pp. 2105–2110, 2009.

[84] J.W. Raring, L.A. Johansson, E.J. Skogen, *et al.*, "40-Gb/s widely tunable low-drive-voltage electroabsorption-modulated transmitters". IEEE Journal of Lightwave Technology, vol. 25, no. 1, pp 239–248, 2007.

[85] K. Prosyk, A. Ait-Ouali, C. Bornholdt, *et al.*, "High performance 40 GHz InP Mach-Zehnder modulator". Optical Fiber Communication Conference (OFC), Los Angeles, USA, March 4–8, 2012.

[86] K.-O. Velthaus, M. Hamacher, M. Gruner, *et al.*, "High performance InP-based Mach-Zehnder modulators for 10 to 100 Gb/s optical fiber transmission systems". 23rd International Conference on Indium Phosphide and Related Materials (IPRM), Berlin, Germany, May 22–26, 2011.

[87] K. Prosyk, A. Ait-Ouali, J. Chen, *et al.*, "Travelling wave Mach-Zehnder modulators". 25rd International Conference on Indium Phosphide and Related Materials (IPRM), Kobe, Japan, May 19–23, 2013.

[88] H. Ito, S. Kodama, Y. Muramoto, T. Furuta, T. Nagatsuma, and T. Ishibashi, "High-speed and high-output InP-InGaAs unitraveling-carrier photodiodes," IEEE Journal Selected Topics in Quantum Electronics, vol. 10, no. 4, pp. 709–727, 2004.

[89] M. Chtioui, F. Lelarge, A. Enard, *et al.*, "High responsivity and high power UTC and MUTC GaInAs-InP photodiodes". IEEE Photonics Technology Letters, vol. 24, no. 4, pp. 318–320, 2012.

第4章

光子学雷达

菲利波·斯科蒂（Filippo Scotti）[①]
保罗·格菲（Paolo Ghelfi）[①],安东内拉·博戈尼（Antonella Bogoni）[②]

4.1 组织及要点

本章利用第1章中的微波光子学基本概念介绍完整的光子学雷达系统。

本章首先介绍光子学雷达收发器的可能架构，并给出完整雷达系统实现的最重要示例；然后，说明利用光子方法实现的多频段雷达收发器的特殊情况，对此类系统所需的特定处理的分析，以及一组相关的案例研究和双频段基于光子学雷达的实现。为了证实通过使用光子学技术实现的多频段雷达系统的灵活性，已显示的双频段雷达示例涉及海上和空中场景，以及远程亚毫米位移测量。在这些分析中，还提供与常规系统的比较，特别是在海事应用的单频段雷达的情况下，对此进行了主要比较。

4.2 光子学收/发器

可以使用第3章中的微波光子功能，以实现一个完整的光子学射频收/发器，该收/发器可以利用光子学的独特功能，用于雷达或通信系统等应用中。

除了单独利用均由光子技术实现的发射器和接收器，可以独立于每个子系统之间共享激光源的光子学收/发器，从而减小了收/发器的尺寸和基于光子学方法的成本，如图4.1所示。

如第3章所述，可以在光子域中直接实现一些附加功能。虽然开发每个基于光子学功能的工作很多，但到目前为止，仅展示了完整的光子学收/发器的

[①] 国家光子网络与技术国家实验室（PNTLab），意大利国家大学间电信联盟（CNIT）。
[②] 意大利圣安娜高等研究学院传播,信息和感知技术研究所（TeCIP）。

数个示例，特别是与雷达应用[1,2]和无线通信应用[3,4]有关。

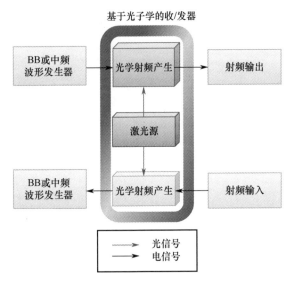

图4.1 基于光子学收/发器的方案（见彩插）

本章我们集中讨论将光子学收/发器应用于雷达系统中，并提供了两个用于雷达应用的光子学的收/发器的示例。

4.3 适用于软件定义雷达的光子学通用收/发器

在参考文献[1]中描述的开创性工作中，具有400MHz重复频率的锁模激光器（MLL）已用作控制雷达系统的光子收/发器的主时钟。

关于射频信号的产生，参考文献[1]中采用的解决方案与图3.2（b）中的方案略有不同。在光电二极管之后，射频滤波器已执行了滤光器的功能（无法利用应用的锁模激光器重复率所要求的选择性来实现），具有避免相位不稳定（利用分立元件实现的干涉测量结构造成）的额外优势（图3.2（b））。

雷达波形是在低中频处以数字方式生成的，并馈入电光调制器的射频端口以调制锁模激光器输出，该光信号由光电二极管侦测。光电二极管中由侦测过程产生的跳动产物会在等于中频加上锁模激光器重复率的整数倍的每个频率处，生成雷达波形的副本。如上所述，光电二极管输出端的射频滤波器选择要发送的适当信号副本。

关于接收器，侦测到的射频信号驱动另一个电光调制器，如图3.3（b）所示。来自锁模激光器的光信号首先由接收到的射频信号进行幅度调制；然后通过低带宽光电二极管进行光侦测，将侦测到的射频信号（雷达回波）从射频载波下转换回原始中频。

表4.1描述了参考文献［1］中提出的光子学收/发器与现有技术中电子收/发器的性能。从表中可以看出，光子学方法在超过几十吉赫的极高频率灵活性以及任何输入频率的数字化精度方面均显示出优势，从而实现了软件定义的无线电范式。

表4.1 基于光子收/发器的性能特征

参　数	光子收/发器	最先进的电子收/发器
发射器		
载频	高达40GHz的灵活直接生成	2GHz以下直接生成 2GHz以上变频
信号抖动	<15fs 集成于（10kHz～10MHz）	>20fs 集成在（10kHz～10MHz）
信噪比 无杂散动态范围（SFDR）	>73dB/MHz >70dBc	>80dB/MHz >70dBc
瞬时带宽	200MHz，可通过锁模激光器轻松扩展，重复率更高	<2GHz
接收器		
输入载波频率	高达40GHz 直接射频欠采样	<2GHz 较高频率下转换
瞬时带宽	200MHz，可通过锁模激光器轻松扩展，重复率更高	<2GHz
采样抖动	<10fs 集成于10kHz～10MHz	>100fs 集成于10kHz～10MHz
无杂散动态范围（SFDR）	50dB	>70dB
有效位数（ENOB）	>7 载波频率高达40GHz	<8 载波频率小于2GHz

4.4 适用于调频连续波雷达的光子学特定收/发器

相反，在参考文献［2］中描述的工作已经具体实现，以实现一种称为线性调频连续波（FMCW）的特定雷达方案。该方案考虑了始终打开的连续波雷达信号发射（无脉冲行为），并且随时间线性改变发射的连续波的频率。为了实现此种调制方案，引用的工作通过使用外部射频信号对其进行调制来从单个激光器生成两个光信号，该信号随时间线性变化。光子学方案利用了光调制器的特定设置，该设置利用调制器的非线性来实现4倍的倍频，从而放宽了对数字信号生成的要求。3.3节中描述了此种射频产生方案。

上述光信号源也用于接收雷达回波，直接实现了线性调频连续波信号的所谓解线频调。实际上，发射的雷达信号与接收的回波之间的频率差给出了有关距离的信息目标。

虽然参考文献［1］中提出的方案不是非常灵活，但是此种光子学实现方式允许获得宽带雷达信号。实际上，参考文献［2］中的工作已经显示了 8GHz 带宽上的线性调频连续波。此外，由于采用了解线频调机制，因此与上述情况一样，可以通过简单的 A/D 转换器将信号以 100MS/s 的速率数字化。

4.5 光子学雷达和现场试验

上述基于光子的收/发器已用于实现相干雷达系统。

参考文献［1］中显示的架构是在光子学全数字雷达（PHODIR）原型中开发的，该原型来自为其开发提供资助的原始项目的名称。

PHODIR 原型的框图显示在图 4.2 中，该图显示了连接到基于光子收/发器的 X 频段（9.9GHz）前端。图 4.2 还显示了 PHODIR 原型的图片。PHODIR 演示器已在不同场景下进行了多次现场试验测试，以评估真实雷达系统中光子学方法的有效性[5,6]。

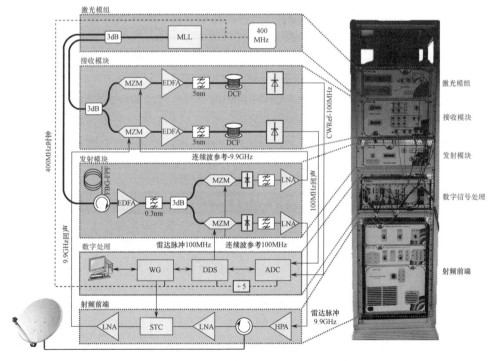

图 4.2　PHODIR 原型框图和演示器图片
（粗线—光路；细线—电气路径；虚线—时钟连接）（见彩插）

在本章中，值得一提的是与一家生产用于海上航行的雷达系统公司合作进行的现场试验，因为它可以直接与最先进的商业系统（称为"SeaEagle"）进行比较，使用相同类型的射频信号也可以在 X 频段工作[6]。

图 4.3 （a）显示了光子学雷达探测轨迹。充分显示沿海地区和港口的形状，并且还可以侦测到移动船在约 0.42n mile 处产生的少量回声。图 4.3 （b）显示了该场景的距离/速度图，清楚地标识了 0.42n mile 的小船以 5kn 的速度接近（负号表示减小距离的方向）。图 4.3 （b）中的插图显示了包括对船只进行探测在内的距离剖面图，突出显示了 3.75m 的雷达距离分辨率，这是由带宽为 40MHz 的线性调频脉冲给出的。

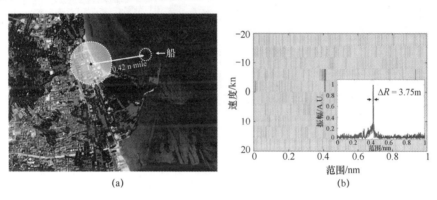

图 4.3　圣贝内代托—德尔特龙托港区 PHODIR 探测（a）；侦测到船只的多普勒航程图（b）（插图为侦测到目标的范围图）

图 4.4 描述了 PHODIR 演示器和商用雷达系统之间的侦测比较。该图显示了最大明确范围（8n mile）内的数个目标侦测以及沿海地区的侦测。重要的是要强调两个雷达都能侦测到所有目标，因此即使 PHODIR 只是一个演示器，而 SeaEagle 是一个完全开发的产品，它们也表现出相似的性能。从这一结果可以得出结论，在雷达系统中使用光子学至少是无害的。

表 4.2 显示了两个雷达（PHODIR 原型和 SeaEagle）之间的定量比较，体现了它们的主要参数。

事实证明，由于先进的处理能力（未在表中列出），虽然 SeaEagle 能够在数值上抑制海杂波，但光子辅助雷达的最小可侦测信号（MDS）（-87dBm）可以与商用系统的 MDS（-90dBm）相提并论，从而解释了最大范围的巨大差异。另外，已知 PHODIR 收/发器具有带宽扩展和频率（在表 4.2 中受射频滤波器选择光电二极管处跳动的限制）及波形敏捷性的潜在特性。

参考文献 [2] 中开发的光子学雷达也已经在非常有趣的现场试验中进行了测试。

在此种情况下，4 倍频方案已允许在 K 频段生成线性调频连续波信号，具有从 18~26GHz 的 8GHz 相当大的带宽，从而实现了高分辨率雷达侦测。此外，虽然信号带宽巨大，但线性调频连续波的光子学解线频调技术仍允许使用低采样率模数转换器，从而可以实现复杂的逆合成孔径雷达成像技术。

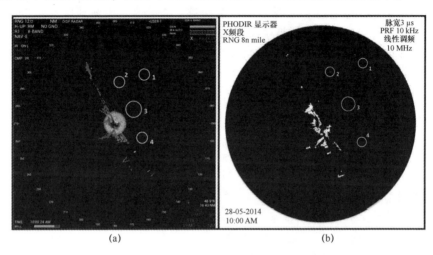

图 4.4　商用雷达（a）和光子单频段雷达（b）的比较（见彩插）

表 4.2　商用海事雷达（SeaEagle）与光子学雷达（PHODIR）的定量比较

参　数	SeaEagle	PHODIR
峰值功率	100W（@ WR90）	50W（@ WR90）
射频/MHz	9300~9500（步骤）	9880~9920（连续）
最大带宽/MHz	40	40
噪声系数/dB	5.5	8
MDS	−90dBm @ 40MHz BW	−87dBm @ 40MHz BW
处理增益	最大 30dB @ PW = 93μs, B = 10MHz（仅压缩增益）	31dB @ T_D = 12.5ms, PW = 5μs, B = 2MHz, PRF =10kHz（G_I = 21Db + G_C = 10dB）
频率精度	100×10^{-6}（10fs）	120ppm（13fs）
最大范围/n mile	48（货运目标）	18（货运目标）
脉宽	50ns~93μs	0.2~10μs
PRF	350~2500Hz	1~12kHz
调制格式	线性调频	任何

参考文献 [2] 中的结果显示 100 帧/s 的二维成像分辨率约为 2cm×2 cm。此种侦测功能已应用于电动风扇叶片运动时的成像。

4.6 基于多频段光子学的收/发器和雷达

如第 3 章所述,光子学允许同时在不同的射频频段上生成和侦测多个射频信号。如其中所讨论的,虽然在常规射频方案中,这将需要为每个频带复制所有的发射器和接收器电路,但是在光子学发射器和接收器中,可以共享方案中的大多数光学设备以管理不同的频带。

由于基于多频段光子学的发射器和接收器可用,因此也有可能实现多频段射频收/发器。这是参考文献 [7] (图 4.5)中开发 PHODIR 原型的研究小组所采用的方法。在引用的工作中,多频带射频发生器和多频带射频接收器均由同一锁模激光器馈电。数字波形发生器(直接数字合成器)以不同的中频(IF_i)同时提供多个信号,这些信号馈送到射频发射器模块。在来自锁模激光器的光信号与射频处的电信号混合,在不同的频段上产生多个射频信号(图 4.5 (d))。然后,以不同中心频率(CF_i)为中心的多个通带射频滤波器选择所需的射频信号。

类似地,射频接收器模块将接收到的多个射频回波与来自锁模激光器的光信号进行组合,从而将每个侦测到的射频信号同时下变频到其原始射频(图 4.5 (f))。然后,单个模数转换器同时将所有侦测到的信号数字化。

参考文献 [7] 中提出的方案还包括一个宽带前端,它由发射器侧的功率放大器和接收器侧的前置放大器组成。宽带前端保证了基于多频段光子收/发器的频率灵活性。然而,基于多个频率选择性射频前端的方法可以优化系统性能(如噪声系数、线性、动态范围等方面),因此对于苛刻的应用可能是优选的。

还值得强调的是,在参考文献 [7] 中提出的方案中,由于所有射频信号都是使用相同的锁模激光器生成和侦测的,因此它们在本质上都是彼此锁相的。因此,下面将详细描述该方案将多频带软件定义方法的功能与简单融合来自多个频带数据的潜力相结合,从而提高了系统精度。

如参考文献 [7] 中所述,PHODIR 原型的单频带系统已经扩展了 S 频段的第二个前端(2.5GHz)以实现双频带功能,从而利用了光子学提供的信号相干。此新的原型命名为光子学双频雷达(PANDORA)。

PANDORA 收/发器已在受控环境中进行了表征[8],以检查其性能。在此种情况下,使用了两个单独的前端。如图 4.6 (a) 所示,通过可变衰减器将收/发器的射频输出(峰值功率约为 -30dBm)连接到两个射频前端的天线端口,进行了测量,从而对收到回声进行仿真。该系统已设置为在 S 频段和 X 频段均产生 5ms 线性调频脉冲,带宽为 15MHz,脉冲重复频率为 10kHz。射频功率已降低至收/发器的灵敏度极限,目标出现在本底噪声之上仅 3dB。图 4.6 (b) 描述了此种情况,该图显示了分别对应于 S 频段和 X 频段的 -122dBm 和

80 ■ 雷达网络与电子战系统中的光子学

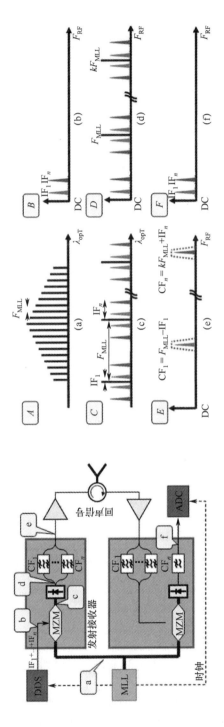

图4.5 基于多频段光子血的雷达收/发器的架构[7]

−124dBm 的回波功率距离分布。在这两个频带中,由于光纤线轴延迟了收/发器内部的信号,所以目标出现在 2200m 的距离处。图 4.6(c)显示了系统在两个频带中侦测到的峰值信噪比,从而改变了前端输入的功率。此处信噪比视为目标峰值与本底噪声的最强峰值间的比率。两条曲线随输入功率线性增加,并且根据两个射频前端的不同性能,X 频段目标的信噪比相比 S 频段之一约高 2dB。

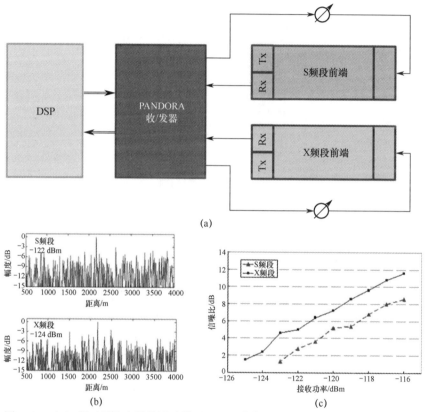

图 4.6 (a) 用于系统表征的试验装置;(b) 靶标在灵敏度水平下的射程分布图;
(c) 改变射频功率的仿真目标的测量信噪比

4.7 双频信号处理

上述 PANDORA 的固有相干性是一个独特的功能,在管理信号及其数字处理方面具有显著优势。下面,将描述和讨论这些优势。

图 4.7[8,9] 显示了 PANDORA 中开发的双频信号处理的架构。如上所述,PANDORA 的架构允许通过单个 A/D 转换器侦测不同中频(来自 S 频段和 X 频段)的两个信号。锁模激光器将 A/D 转换器的时钟频率设为 400MS/s。由于锁

模激光器还为直接数字合成器提供时钟,以在中频处生成雷达脉冲,因此系统中的所有数字信号都是完全同步的,并且锁模激光器充当整个系统的主时钟。

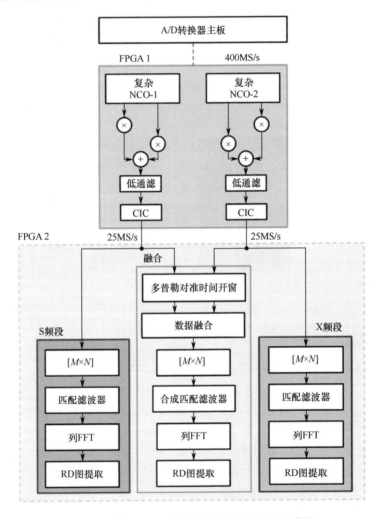

图 4.7 通过 FPGA 进行双频处理的框图(见彩插)

来自 A/D 转换器的数字样本馈送到现场可编程门阵列(FPGA1),该时钟也送到锁模激光器,后者将两个回波分开并将其下变频为基带。在此程度上,两个中频处的示例正好与两个中频处的两个复数数控振荡器(NCO)相乘,因此每个通道都作为复数信号移至基带。在该操作中,所有数字信号的相干性允许以侦测到回波的精确采样率构造数控振荡器,因此数字下变频仅仅是乘法。然后,利用适当设计的低通滤波器(LPF)对每个信号进行精确滤波。典型的数字低通滤波器是 61 抽头有限脉冲响应(FIR)滤波器,其截止频率根据信号带宽而定。例如,如果中频处的信号显示带宽为 20MHz,则适当的滤波器应具有 10MHz 的截止频率。由于在此阶段不再需要 400MS/s 的采样速率，因此两个级联的集成梳会抽取两个通道的采样。在带宽为 10MHz 基带信号的示例中，可以使用 16 倍的抽取，将采样率降低到 25MS/s，从而极大地简化了处理和存储负载。在退出现场可编程门阵列之前，这两个数据流会临时保存在两个存储区中，这两个存储区用作缓冲区以防止数据丢失，然后可以将它们移动到硬盘中以进行脱机处理，或者发送到第二个现场可编程门阵列（FPGA2）进行存储来执行其他计算。

最常见计算是距离/多普勒相干处理（图 4.7 中的方框）。在此种情况下，数据以 $M \times N$ 矩阵的形式组织，其中 M 代表雷达采集的数量，N 代表每次采集的样本。此类表示的数据用发送波形所需的匹配滤波器进行滤波。同样在此操作中，数字信号的精确相干性使处理变得简单。然后计算沿矩阵列的快速傅里叶变换（FFT），并在 M 个采集中进行相干积分。这些操作允许计算距离/速度图（RD：距离/多普勒）。其他一些数据处理也是可能的，如阈值、跟踪、成像等。

值得强调的是，PANDORA 系统架构支持的 SDR 方法，允许根据观察到的场景更改每个信号的特征（如脉冲形状、持续时间、带宽、重复率等）。这些更改要求相应地修改每个通道的矩阵尺寸和匹配的滤波器。这可以通过软件重新配置处理参数实现。

除单频带处理外，相干双频带雷达系统还允许实施数据融合，以更好地侦测观察到的场景。在此程度上，两个频带的固有相干性可以实现一种简化的融合算法，该算法基于以下粗略近似值：在不同频带上的两个相同雷达波形由观察到的目标平均散射，并且在传播过程中遭受相等的损耗。如果可以接受此假设，则两个长度和带宽相同的延迟线性调频脉冲串联会产生具有两倍长度和两倍带宽的线性调频脉冲，从而使距离分辨率也加倍。因此，仅需要多普勒频移校正和时间对准（由于波长不同，参阅图 4.7 中的方框）。最后，通过简单地将两个回声求和来计算合成信号。为了进行比较，非相干信号的数据融合需要迭代算法来对齐样本并允许计算[10-12]。

4.8 案例研究：海军场景现场试验

为了在真实环境中测试 PANDORA 系统，实施双频雷达的小组与意大利海军研究所（意大利里窝那的 CSSN - ITE 研究所）合作组织了一次现场试验活动[8]，重点是里窝那市海岸的海上场景。图 4.8 显示了安装在 CSSN - ITE 上的 PANDORA 系统的图片，突出显示了构成双频段雷达的模块，包括 X 频段和 S 频段的两个前端。

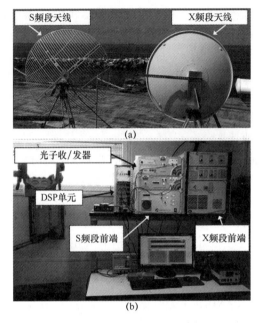

图 4.8 CSSN – ITE 研究所安装的系统图片

采取了第一套措施,利用了里窝那港口前的海上交通。图 4.9 (a) 显示了该场景,这要归功于海域中存在的船只接收到的自动识别系统 (AIS) 数据。这些船只是从西南方向接近港口的渡船,其他船只也停泊在雷达视线内的港口中。在两个频段上,PANDORA 系统设置为相同的波形:5ms 长的雷达脉冲,线性频率线性调频为 18MHz, PRF 为 5kHz,提供了约 8m 的范围分辨率和 16n mile 的明确范围。根据 AIS 数据,分别在图 4.9 (b) 和 (c) 中显示了针对分析场景在 S 频段和 X 频段中获得的距离/速度图。

需要强调的是,S 频段和 X 频段的映射在速度分辨率方面有所不同,X 频段上更明显。这是由于以下事实:对于给定的速度,雷达信号经历的多普勒频移与其载波频率成正比。由于对于 20ms 的相干积分时间 (CIT),最小的可侦测频率变化约为 50Hz,因此速度分辨率在 S 频段约为 3m/s,而在 X 频段约为 0.75m/s。因此,在考虑的测量集中,S 频段的雷达信号估计的巡航速度约为 18kn,而 X 频段的信号提供的速度评估约为 16kn。由于 AIS 数据报告的巡航速度为 17.9 kn,因此根据雷达视角(约 25°)重新调整此值时,可以计算出 16.2kn 的径向速度。

如上所述,正如实际预期的那样,X 频段中的信号在估计目标速度时更为精确。另一方面,已知 S 频段中的信号具有更长的覆盖范围。双频系统可以同时利用两者!第二项测量活动是利用 CSSN – ITE 提供的长度为 30m 的合作船进行的,其重点是验证基于光子雷达系统的精度及其在两个频带中的性能。

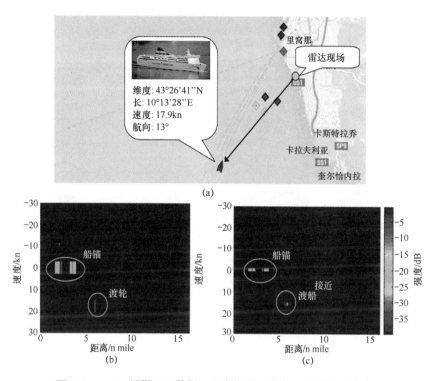

图 4.9 （a）根据 AIS 数据，里窝那港口前方侦测到海上情况；
（b）S 频段侦测到的距离/多普勒图；（c）X 频段侦测到的距离/多普勒图

该船装有 GPS 记录仪，并以恒定的轨迹和速度从海岸航行到大海。雷达系统的设置与上面报告的测量方法相同，两个频段均产生 5μs 长的线性调频脉冲，PRF 为 5kHz。图 4.10 显示了在不同时刻获取的 X 频段（图(a)~(c)）和 S 频段（图(d)-(f)）所获取的距离/多普勒图，以及线性标度（图(g)~(i)）的距离分布图，即当合作船离港口的距离不同时。第一列中的数据都是在 14:10 采集的，目标在两个地图中均清晰可见（距离为 1.5n mile，移动速度约为 7 kn）。在距离剖面中，可以在 X 频段回波中看到一个次要峰值，该回波由船上的次要散射体（可能是船尾起重机）给出，在 S 频段不明显。第二列中的数据是在 14:35 处获取的，此时目标距海岸的距离为 4.3n mile。从与 X 频段有关的图上可以清楚地看出这一点，而在 S 频段则由于测量灵敏度较低不太明显。此种不同的灵敏度归因于前端的不同发射功率和天线增益，以及目标雷达散射截面（RCS）的频率依赖性。无论如何，适当的决策算法仍然可以轻松地从 S 频段采集中识别目标，因为其峰值比噪声和杂波电平高 7dB。14:35 处的地图还显示了 2.5n mile 处的静止目标，该目标对应于此期间抵达并等待进入港口的货船。最后，第三列中显示的数据是在 15:00 采集的，货船仍在那里，即使在噪声/杂波底面仅在 3dB 的情况下，协作目标仍在 X 频段可见。S 频段不再侦测到。

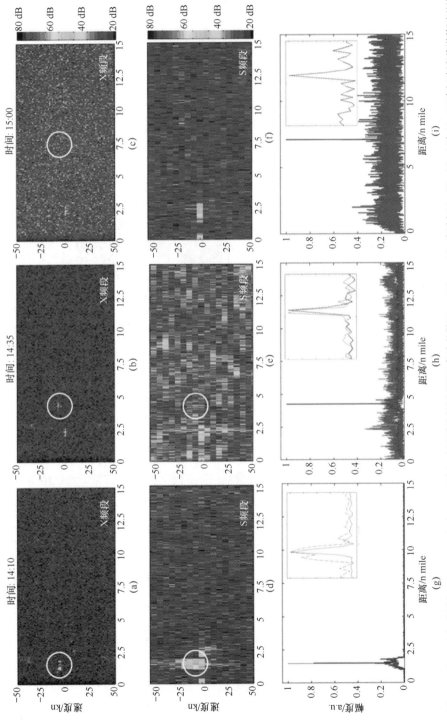

图 4.10 (a) ~ (c) 分别在14:10、14:35和15:00时由X频段信道侦测到的距离多普勒图; (d) ~ (f) 分别在14:10、14:35和15:00时由S频段信道侦测到的距离多普勒图; (g) ~ (i) 分别在14:10、14:35和15:00时观察到的目标X频段 (蓝色虚线) 和S频段 (红色实线) 的归一化距离像 (插图: 目标图像的缩放) (见彩插)

图4.11（a）描述了S频段和X频段通道在不同时刻侦测到的目标范围，并将其与车载GPS记录的数据进行比较。这三个轨迹完全吻合，从而确认了光子学系统的正常运行。图4.11（b）描述了两个雷达频段和GPS侦测到的目标速度；同样，雷达迹线与GPS数据一致，同时考虑了取决于测量持续时间的不同分辨率（CIT）。此外，考虑到目标雷达横截面的频率依赖性和两个前端的增益差，可以实现对基于光子雷达接收器的射频功率的精确分析[13]。图4.11（c）中描述的结果表明，在X频段和S频段，在雷达接收器处侦测到的最小射频功率（对应于最大可侦测范围）相等，从而确认了光子收/发器的频率独立性。

最后，还利用海事现场试验进行了ISAR成像试验[14]。PANDORA系统指向在里窝那港口前移动的集装箱船（图4.12（a））。雷达信号均在2ms的脉冲宽度上配置为18MHz的线性调频脉冲，对于S频段，PRF设置为12.5kHz，对于X频段，PRF设置为10kHz。CIT设置为20ms，多普勒频率分辨率为50Hz。

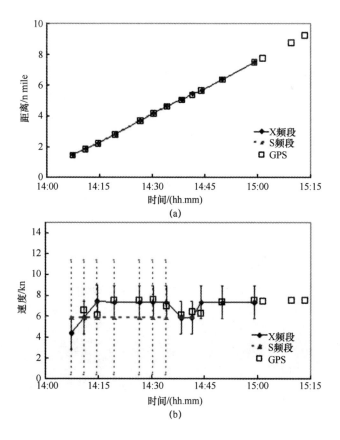

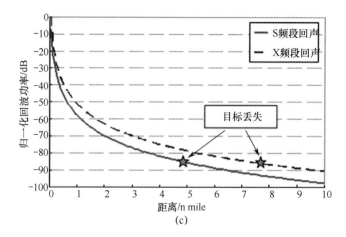

图 4.11 （a）目标在两个频段上测量并由车载 GPS 提供的距离雷达站点目标的距离；
（b）由两个频段的多普勒频移计算出的速度并由 GPS 提供；（c）雷达接收器上
S 频段和 X 频段信号回波的估计功率与目标距离的函数关系

图 4.12（b）和（c）描述了在 S 频段和 X 频段雷达（在其他静态船只之外）对移动目标的侦测，分别显示了 50Hz（第一多普勒通道）和 150Hz（第三多普勒通道）的多普勒分量。这些多普勒分量在 S 频段中对应的径向速度为 3m/s，X 频段中约为 2.3m/s。图 4.12（d）和（e）距离曲线中也可以看到移动目标的距离增加。图 4.12（f）和（g）中描述了 S 和 X 频段中计算出的 ISAR 图像。可以看出，将 ISAR 图像与目标图片进行比较（图 4.12（a）），可以很好地显示指挥所和 3 台起重机。

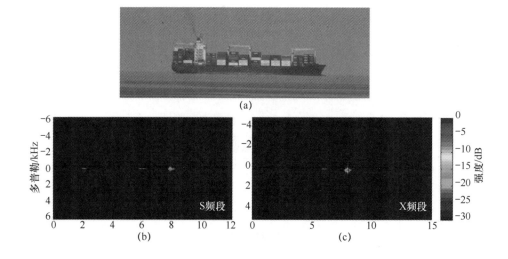

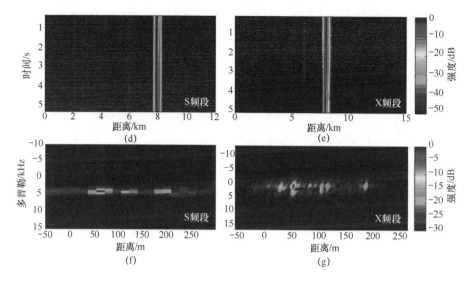

图 4.12　(a) 所侦测目标的图片；(b) 在 S 频段侦测到的海军目标的距离多普勒图；(c) 在 X 中探测到的海军目标的距离多普勒图；(d) 在 S 频段侦测到的移动目标距离图；(e) 在 X 频段频带内侦测到的移动目标的距离图；(f) 在 S 频段侦测到的集装箱船的 ISAR 图像；(g) 在 X 频段侦测到的集装箱船的 ISAR 图像

4.9　案例研究：空中场景实地试验

通过使用光子学，PANDORA 系统的灵活性使得双频雷达能够适应多种不同的场景。实际上，上述章节中的系统也已经在空中试验的现场试验中使用，如参考文献 [14] 中描述所示，只是通过使波形适应高速运动的物体即可。

更详细地讲，该措施是由该小组在比萨实验室的屋顶上实施，针对的是来自封闭机场的空中交通。在 2ms 的 PW 上，S 频段和 X 频段信号均设置为 18MHz 线性调频，PRF 为 10kHz。CIT 设置为 20ms，因此集成了 200 个雷达脉冲并获得了 50Hz 的多普勒频率分辨率。图 4.13 (a) 和 (b) 分别描述利用 X 频段和 S 频段的空中目标的距离/速度图。在两个地图中，目标在约 4.6km 的距离处可见，并且速度约为 55m/s，这分别对应于 S 频段和 X 频段的多普勒频率大约 1.1 和 3.7kHz。如上所述，X 频段的频率越高，速度分辨率越高。另外，图 4.13 (c) 描述了 S 频段（红色虚线）和 X 频段（蓝色虚线）中侦测到的信号的距离分布。不出所料，它们的距离分辨率几乎相同，约为 9m，因为这取决于信号带宽。另外，如第 4.5 节所述，PANDORA 系统的固有相干性允许实现轻松的数据融合，从而将两个频带中收集的信息结合在一起。这是通过所提供现场试验中的数据完成的，所产生的距离图也显示在图 4.13 (c) 中（实心黑色曲线)。相对于单个频带,获得的范围分辨率约降低了1/2,降至约5m。

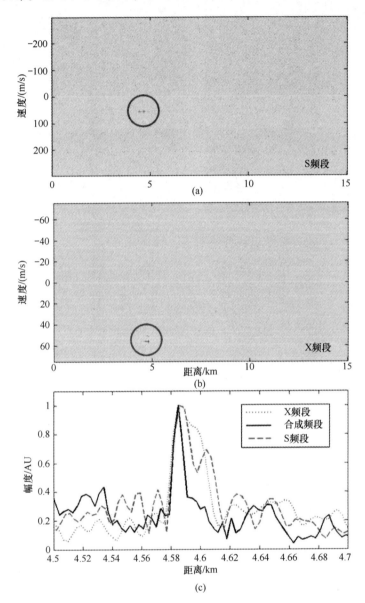

图4.13　(a) S频段和 (b) X频段的距离速度图;
(c) 空中情况下双频段雷达的距离剖面 (见彩插)

同样在空中情况下,已经进行了ISAR成像试验,将不合作的波音737-800 (总长度和翼展分别约为40m和35m) 作为参考目标。

图4.14 (a) (S频段) 和 (b) (X频段) 描述了两个频段中的雷达侦测。

利用的 ISAR 处理器基于开窗的二维傅立叶变换。首先,对复杂样本执行逆 FFT 以恢复高分辨率距离图,然后将 FFT 应用于每个距离筐,从而获得跨距离尺寸。图 4.14(c)和(d)给出了在 S 和 X 通道中侦测到目标的扩展距离图与慢时间(即侦测到的雷达脉冲序列)的函数关系。选择 2s 的相干处理间隔,以减小数据集的维数。图 4.14(e)和(f)描述了目标(波音 737-800)的 ISAR 图像。虽然由于分辨率的限制,图像距离和跨距离的分辨率较低,但是仍然可以获取目标的有意义的图像。

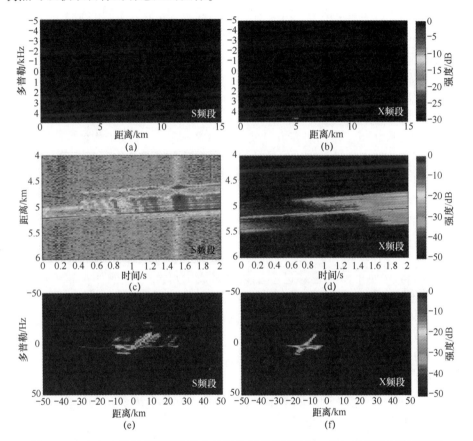

图 4.14 (a) S 频段侦测到的空中目标的距离多普勒图;(b) X 频段中侦测到的空中目标的距离多普勒图;(c) S 频段侦测到的移动目标的距离图;(d) X 频段侦测到的移动目标的距离图;(e) S 频段探测到的波音 737-800 ISAR 图像;(f) X 频段侦测到的波音 737-800 的 ISAR 图像

4.10 案例研究:环境监测现场试验

光子学架构所带来的灵活性也允许另一种应用:对地面位移的环境监测[15]。

在地面位移测量领域（如用于地雷监测），需要具有非常高的分辨率（小于1mm）的雷达，并且它们还需要允许从非常远的距离（约几千米）观察位移。商用雷达系统基于差分干涉测量法，该方法通过步进频率连续波（SF-CW）技术实现[16]。这些类型的雷达会逐步改变发射的连续波信号的频率，所有发射的正弦波彼此相干。

数个连续波波形的组合允许合成具有最小瞬时带宽的大信号带宽，从而提高了距离分辨率并降低了噪声。此外，应用差分相位算法，可以进一步显著提高距离分辨率。因此，在这些雷达中，所生成的连续波频率间的相干性，对于确保正确的相位估计以及获得的正确范围偏移估计至关重要。

用于环境监测的商用雷达系统均在单个频带内工作。然而，通过在不同（很大程度上失谐）频带之间应用干涉技术，相干的多频带配置将极大地提高位移测量的准确性。此外，灵活的多频带系统将允许调谐可操作的射频载波，以使系统适应环境（如天气状况或观察到的情况）和关注范围[17]。

参考文献[15]中的研究人员使用在S频段和X频段工作的光子学双频段相干雷达，基于步进频率连续波技术和差分干涉测量技术实现了对小位移的测量。在本章描述的工作中，目标利用正弦信号照亮，该信号在频率f_n内步进，彼此相干并被Δf分开。反向散射回波的每个频率分量都累积了不同的相移，因此距离上的任何变化Δd引起Δf[16]隔开的两个频率间的相位变化，即

$$\Delta d = \frac{c}{4\pi \cdot \Delta f}\Delta\Phi \quad (4.1)$$

使用高Δf使得侦测位移远小于数毫米成为可能[18]。例如，如果可以在1GHz范围内侦测到1°的相位变化$\Delta\Phi$，则式（4.1）将最大分辨率设置为0.2mm。因此，由于双频带光子收/发器保证了不同射频频带之间的相干性，可以合成出具有低相位噪声的超大带宽（由于步进频率连续波系统的瞬时带宽较窄而导致的噪声带宽小），所以它允许精确的差分相位估计转换为非常小的位移量度。

用于执行差分相位测量的基于多频段光子学的雷达系统原理方案与图4.5中报告的相同。此处，直接数字合成器设置为在两个中频（IF_S = 75MHz和IF_X = 125MHz）处生成两个不同的步进频率连续波波形，以便将它们上变频为CF_S = 2475MHz（S频段）和CF_X = 9875MHz（X频段），如图4.15所示。每个步进频率序列具有20个频率步进，间隔为1MHz，每个持续时间为200μs。

发射器链末端的宽带射频放大器将射频信号发送到号角天线。第二个号角天线收集射频回波，基于光子的接收器将信号下变频回中频，并通过400MS/s A/D转换器将其数字化。A/D转换器还对直接数字合成器生成的信号副本进行了数字化处理，以获得相位参考。锁模激光器保证了相干性，锁模激光器用作雷达信号上变频和下变频的参考。

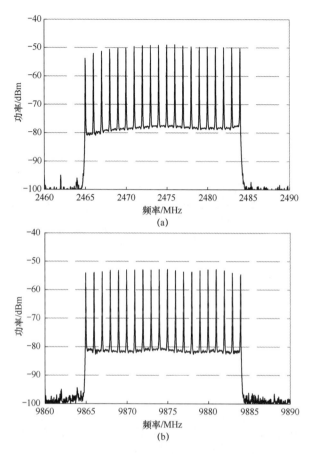

图 4.15 传输的双频射频信号的电频谱
(a) S 频段信号；(b) X 频段信号。

将两根波束宽度为 60°的宽带号角天线（一个用于信号传输，一个用于后向散射信号收集）放置在一个数控电动线性平台上（图 4.16）。通过移动天线组件而不是目标，可以方便地进行位移测量。

图 4.16 移动天线设置

首先通过标准 FFT 评估接收到的下变频回波（图 4.17）和参考信号（图 4.18）的幅度和相位频谱；然后提取 40 个步进频率连续波音调的相位，并计算 S 频段和 X 频段步进频率连续波音调间的相位差，以便通过应用式（4.1）提取实际目标位移。

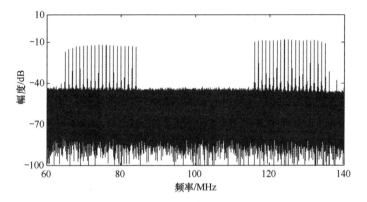

图 4.17　收到的步进频率连续波信号中频频谱

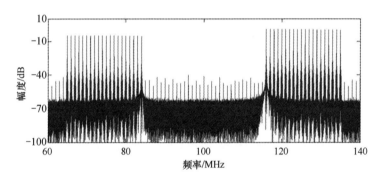

图 4.18　生成的步进频率连续波信号中频频谱

考虑到步进频率连续波信号覆盖的 40MHz 总带宽，标准雷达的距离分辨率为 3.25m。但是，考虑到双频操作，由于可以考虑 7.4GHz 的最大频率差，因此可以获得更高的位移分辨率，理论位移分辨率为 20mm。此外，考虑到以式（4.1）表示的分辨率进行相干分析，我们可以预期对于一个相位侦测，理论位移分辨率为 0.03mm。

在试验中，天线以 0.2mm 的步长移动，目标（实验室壁）距离辐射元件约 2m。对于每一步长，都进行了雷达采集，并通过步进频率连续波算法计算了距离，并将其与参考位置进行了比较（图 4.19（a）），与实际目标位置具有很好的一致性，最大测量误差小于 0.2mm（图 4.19（b））。

由于在实际应用中，目标可能在距离雷达数千米处，因此已通过添加光纤线轴重复测量了 1.5km 和 3km 的距离。如图 4.20 所示，误差在 3km 目标距离内保持恒定,并且保持在±0.2mm以下,从而确认了光子学雷达系统的相位稳定性。

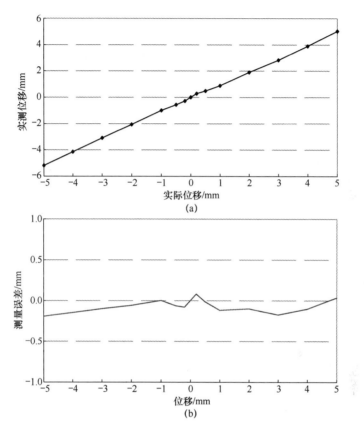

图4.19　(a) 实测位移与实际位移;(b) 位移测量误差

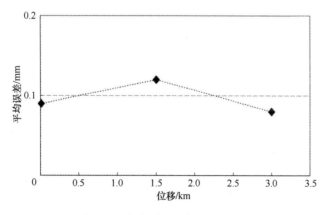

图4.20　位移测量误差的平均误差

相位估计中的一个重要限制因素是侦测信号的信噪比。在图 4.21 中，所描述的位移精度以毫米为单位，表示为信号信噪比的函数。绿色曲线表示单个 7.4GHz 正弦信号的理论位移精度（等于 S 频段和 X 频段之间的频率差）。如果为两个频段而不是步进频率连续波传输单个正弦波音调，则该曲线表示系统可实现的最大精度。相反，蓝色表示步进频率连续波信号在每个频段中具有 20 个频率步进的位移精度，理想情况（蓝色实线，模拟结果）和实测情况（虚线）下。与单频情况相比，步进频率连续波曲线的增益为 13dB，这可以归因于 20 个独立相位测量中的平均增益所带来的信噪比改善。

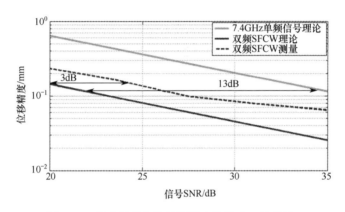

图 4.21　位移精度与信号信噪比的关系（见彩插）

关于模拟的位移精度，测得的精度显示低信噪比的信噪比损失为 3dB，可能由于系统饱和（如放大器、模数转换器等）而在较高信噪比时增加。

4.11　小结

我们在本章描述了光子学雷达系统最重要的示例，分析了收/发器的结构、处理架构以及已提交的试用案例。

关于单频段雷达方法，特别重要的是要强调已描述的光子学雷达原型与用于海事应用的商用雷达系统间的比较。实际上，虽然光子学雷达仍处于原型阶段，但显示的性能非常相似。这表明光子学已经可以达到标准射频系统的相同结果。此外，光子学的灵活性和精确度显然为实现新的可能性提供了可能性，为软件定义的雷达铺平了道路。我们也已提供基于光子学雷达的第二个例子，该例子展示了一个令人印象深刻的超宽带雷达，其瞬时带宽高达 8GHz，可确保相应的精细范围分辨率，同时其接收器架构可以由低速模数转换器进行管理，因此可以实时执行 ISAR 处理。

另外，我们利用数个段落介绍了相干多频带雷达方法，这是光子学雷达的独特功能。为了证实使用光子学带来的灵活性，所描述的案例研究涉及了非常不同的场景：海上、空中和地面位移。光子学支持的软件定义方法，允许针对每个应用程序使用完全相同的架构，其结果与最先进的系统保持一致。特别是在亚毫米位移的情况下，两个失谐的相干射频频段的可用性允许进行高度精确的位移测量。

总之，显示的结果清楚地描绘了基于光子学雷达的发展状况，体现了光子学方法的强大创新潜力。

参 考 文 献

[1] P. Ghelfi, F. Laghezza, F. Scotti, *et al.*, "A fully photonics-based coherent radar system", Nature, vol. 507, no. 7492, pp. 341–345, 2014.

[2] F. Zhang, Q. Guo, Z. Wang, *et al.*, "Photonics-based broadband radar for high resolution and real-time inverse synthetic aperture imaging", Opt. Exp., vol. 25, no. 14, pp. 16274–16281, 2017.

[3] T. Nagatsuma, S. Horiguchi, Y. Minamikata, *et al.*, "Terahertz wireless communications based on photonics technologies", Opt. Exp., vol. 21, no. 20, pp. 23736–23747, 2013.

[4] F. Laghezza, F. Scotti, P. Ghelfi, and A. Bogoni, "Photonics-assisted multiband RF transceiver for wireless communications", IEEE J. Lightwave Technol., vol. 32, no. 16, pp. 2896–2904, 2014.

[5] F. Scotti, F. Laghezza, G. Serafino, *et al.*, "In-field experiments of the first photonics-based software-defined coherent radar", J. Lightwave Technol., vol. 32, no. 20, pp. 3365–3372, 2014.

[6] F. Laghezza, F. Scotti, G. Serafino, *et al.*, "Field evaluation of a photonics-based radar system in a maritime environment compared to a reference commercial sensor", IET Radar Sonar Navig., IET Radar Sonar Navig., vol. 9, no. 8, pp. 1040–1046, 2015.

[7] F. Scotti, F. Laghezza, P. Ghelfi, and A. Bogoni, "Multi-band software-defined coherent radar based on a single photonic transceiver", IEEE Trans. Microwave Theory Techn., vol. 63, no. 2, pp. 546–552, 2015.

[8] F Scotti, F Laghezza, D Onori, and A Bogoni, "Field trial of a photonics-based dual-band fully coherent radar system in a maritime scenario", IET Radar Sonar Navig. vol. 11, no. 3, 2016.

[9] P. Ghelfi, F. Laghezza, F. Scotti, D. Onori, and A. Bogoni, "Photonics for radars operating on multiple coherent bands", invited paper, J. Lightwave Technol., vol. 33, no. 2, pp. 500–507, 2016.

[10] M. Vespe, C. J. Baker, and H. D. Griffiths, "Automatic target recognition using multi-diversity radar," IET Radar Sonar Navig., vol. 1, no. 6, pp. 470–478, 2007.

[11] P. Van Dorp, R. Ebeling, and A. G. Huizing, "High resolution radar imaging using coherent multiband processing techniques," in Proc. IEEE Radar Conf., Washington, DC, USA, 2010, pp. 981–986.

[12] X. Wei, Y. Zheng, Z. Cui, and Q. Wang, "Multi-band SAR images fusion using the EM algorithm in contourlet domain," in Proc. 4th Int. Conf. Fuzzy Syst. Knowl. Discovery, Haikou, China, pp. 502–506, 2007.

[13] "IALA VTS Manual", www.iala-aism.org/products/publications, accessed April 2016.

[14] F. Laghezza, F. Scotti, D. Onori, and A. Bogoni, "ISAR imaging of non-cooperative targets via dual band photonics-based radar system", International Radar Symposium (IRS), Krakow, Poland, 2016.

[15] S. Pinna, S. Melo, F. Laghezza, et al., "Photonics-based radar for sub-mm displacement sensing", IEEE J. Sel. T. Quantum. Elec., vol. 23, no. 2, 5300408, 2017.

[16] I. Nicolaescu, P. van Genderen, K. W. Van Dongen, and J. Van Heijenoort, "Stepped frequency continuous wave radar-data preprocessing", in Proc. Adv. Gr. Penetrat. Radar, pp. 177–182, Delft, Netherlands, 2003.

[17] J. D. Taylor, and P. E. Taylor. "Ultra-wideband radar technology." CRC, London (2001).

[18] K. Meiners-Hagen, R. Schödel, F. Pollinger, and A. Abou-Zeid, "Multi-wavelength interferometry for length measurements using diode lasers", Measur. Sci. Rev., vol. 9, no. 1, 2009.

第 5 章

雷达网

卡洛·诺维埃洛（Carlo Noviello）[①]，保罗·布拉卡（Paolo Braca）[②]，萨尔瓦多·马雷斯卡（Salvatore Maresca）[③]

5.1 组织及要点

随着创新的电子技术和新的数字信号处理技术的出现，雷达系统在侦测、跟踪和成像功能方面已显著提高了其性能。当目标被电磁辐射照射时，散射的信号会在所有方向上反射，因此单个传感器只能拦截总反射能量的一小部分。这样，大部分信息都会丢失。但是，当前大多数雷达系统仍在单基地配置下运行（即仅一个天线用于信号发送和接收）。另一方面，雷达网络有可能通过利用其固有的多视角侦测能力，提高当前雷达系统的能力和性能。

因此，本章的目的不仅是强调雷达网络的优势，同时也描述其正确运行的主要技术问题。首先，将简要介绍雷达网络的概念，并概述主要优点和最相关的应用。其次，研究雷达网络分类问题。第一种分类基于网络传感器的不同发送和接收选项，其可以是单基地、双基地（即发射天线和接收天线广泛分开）或单基地/双基地的组合。第二种分类是基于集中式处理方法和分散式处理方法间的区别。特别是，将考虑集中式和分散式方法的优缺点，尤其要注意最终系统的性能和其他复杂性的权衡。第三，本章将广泛讨论网络同步和数据融合问题，这对于确保雷达网络的出色运行至关重要。同步直接影响雷达网络的性能。因此，将提出可能导致雷达网元不同步的主要原因。后续部分将研究雷达网络环境中的数据融合问题，并重点研究多目标跟踪（MTT）问题。

最后，本章以北约科学技术组织海事研究与实验中心最近进行的科学实验作为总结。在该实验中，由两个高频表面波（HFSW）雷达系统组成的网络部

[①] 意大利那不勒斯电磁环境研究所。
[②] 意大利比萨海事研究与实验。
[③] 意大利圣安娜高等研究学院传播，信息和感知技术研究所（TeCIP）。

署在利古里亚和第勒尼安北部海洋实施海上监视。实验示例的描述旨在证明雷达网络的有效性和科学意义，以及它们对国土安全和人类进步的决定性影响。

5.2 多基地雷达

过去几十年，大多数雷达系统已开发作为单个单基地传感器，这主要是由于其简单性和可使用的广泛应用范围。但是，对于单基地雷达，灵敏度受发射功率和天线孔径的乘积限制，而定位精度受雷达目标直射角度的限制。这些限制中的大多数现在可以通过采用多个发射器和接收器来解决，从而产生了多基地雷达系统的概念[1]。但是，在深入研究细节之前，重要的是要了解多基地雷达的定义在当前文献中并不都是一致的。通常，多基地雷达监视多个发射器和接收器覆盖的区域。多个传感器的信息将会组合在一起（即融合）以提供改进的目标侦测、跟踪和成像能力。这样可以将多基地雷达系统与雷达网络区分开来，后者可以独立监视不同的空间覆盖区域并共享信息，以增加覆盖范围。但是，文献中经常使用术语雷达网络和多基地雷达来描述相同形式的系统[2]。此外，近来所谓的多输入多输出（MIMO）雷达系统引起了极大的关注。我们可以将它们视为多基地雷达系统的子集。但是，对于将多输入多输出雷达[3]与多基地雷达和雷达网络[4]的概念区分开来，也没有严格的定义。

5.2.1 概念

如今，雷达系统已成为各种不同的民用和军事环境，以及许多遥感应用中必不可少的监视传感器。主要原因是它们能够在任何天气条件（如云、雾、灰、粉等）和光照下监视广泛的区域。许多国家都有雷达网络，将其用于控制空中交通流量、监测海洋沿岸和陆地活动。因此，雷达网络是更广泛的防御能力的重要组成部分。实际上，雷达网络能够侦测飞机、轮船以及任何可能构成敌对威胁的其他可能移动物体。但是现在，目标变得越来越快、更为敏捷且更加隐秘。因此，敌对威胁的性质变得不受控制并且几乎不受限制[5]。在此种情况下，遗憾的是常规雷达系统无法获得所要求的可靠性水平。因此，科学界将注意力集中在多基地雷达和雷达网络概念上[6]。

当前，雷达网络正在引起人们的兴趣，因为它们可以利用空间多样性，提高性能并开发新的应用。如前所述，此种系统不同于典型的有源雷达系统。实际上，它们由可能在空间上相互协作的多个不同发射器和接收器传感器组成[7]。但是，雷达网络是非常复杂的系统，此种相关的复杂性意味着许多技术问题。本质上最重要的挑战是定时和频率同步以及来自雷达网元信息的数据融合[8]。

时间和频率同步对于雷达网络的正确运行至关重要。通常，由于地形崎岖不平、湖泊、海洋的存在或时间限制，通过电缆或光纤建立通用的时间和频率参考可能很困难，甚至不可能。替代方法是使用无线通信链路，但是多径的存在将降低时间精度。为了克服上述限制，当前采用同步雷达网络的最重要技术是全球定位系统（GPS）。GPS信号用作所有雷达网络节点（即网络中的每个发送/接收对）的参考定时信号[9]。

传感器数据融合也非常重要，因为雷达传感器分布式特性需要一种分布式方法来有效地组合数据信息流。显然，数据交换过程意味着在网络节点之间必须有可靠、有效和高带宽的通信链路[10]。

5.2.2 优势

通常，雷达网络具有许多优势，与独立运行的雷达相比，可能非常适合许多应用。实际上，多基地雷达传感器并不一定需要使用复杂且昂贵的发射器。由于发射器的分布位置以及多个接收器固有的无源特性，雷达网络通常不会受电子和物理攻击的影响。它们通常能够侦测到隐身目标，这些隐身目标专门针对单基地雷达表现出很小的雷达散射截面（RCS）[11]。实际上，它们通过收集来自多个方向的散射能量来提高灵敏度，从而提高侦测和跟踪性能。此外，由于可以从不同角度观察目标，因此还可以增强目标成像、分类和识别的能力[12]。然而，这些优势是以增加硬件和软件工作量为代价的。但是，在性能和增加的全局系统复杂性之间进行必要的权衡，仍可能会带来有价值的优势。实际上，多基地雷达中发射器和接收器之间的分隔，为系统工程师提供了新的和更多的自由度，可以为许多特定应用设计出创新的解决方案。此外，可以使用无源接收器，提高生存性和可靠性。这些接收器可以通过共享和融合来自分布式网络节点的信息，提高发现潜在恶意干扰的准确性[8]。而且，一方面，多个发射器和接收器在不同区域中错位可以改善覆盖范围，更重要的是，通过从不同的视线观察目标，它们还可以提高对隐形目标的侦测。这些优势使多基地雷达系统对许多应用具有极大的吸引力，其中许多可以更好地满足国土安全和电子战的需求[13]。然而，与此同时，越来越多的分布式发射器和接收器的进一步复杂性提出了新的科学挑战，这些挑战需要认真了解是否应将这些类型的传感器用于操作和实时使用。

5.2.3 应用

当前，许多科学家认为，并行计算、GPS、宽带无线通信和阵列天线等最新技术发展是创新型操作雷达网络系统即将发展的先驱。雷达网络广泛用于军事和民用领域。为了军事防御目的，可以使用多基地雷达形成定制的监视区域，以便有效地侦测非合作目标。实际上，许多雷达拥有广泛的自由度，可以提高不同操作条件下的系统性能。其中，我们可以列出一些参数：多基地几何结构、不同的天线、多个信号波形、载波频率（工作频带）以及雷达网络每个节点的极化。这些参数可以根据特定的应用和感兴趣的上下文进行修改，以用于空中、海上和陆地防御活动[1]。相同概念也可以通过声纳网络用于水下监视[14-16]。此外，正如我们前面提到的，通过采用多基地雷达系统，可以显著改善隐身目标的侦测。实际上，隐身物体的设计旨在针对单基地雷达系统，使其无法被侦测到。通过允许信号相对于单基地视线在不同方向上进行散射，可以部分实现此特性。此外，隐身目标采用信号吸收技术来进一步减少反向散射的 RCS，这不适用于飞机背面的双基地或多基地角度。显然，一种简单的解决方案是将接收器置于远离发射器的位置（即双基地设置），这样系统将测量目标的双基地 RCS。相对于前一种昂贵的解决方案，替代解决方案是在相对于第一种方案的相对位置使用第二个单基地雷达。因此，当第一个雷达位于隐身目标的盲区时，第二个雷达将能够侦测、跟踪和构建目标图像。

还值得一提的是一些民用应用。例如，普通空中交通管制系统得益于多基地雷达的使用，而不是单个单基地系统的使用，这抵消了电磁多径效应，从而降低了性能。这样，可以通过更适当地监视区域[17]来增强平民安全。参考文献 [18] 中还提出了一种多基地探地雷达系统，用于侦测反步兵地雷。雷达网络还可以用于侦测飞机、直升机和舰船并对其进行分类。通过利用多个观察角度，可以识别目标的不同组成部分，例如机翼、旋翼和螺旋线。此外，出于车辆管理和安全目的，传感器网络也广泛应用于汽车领域。在此种情况下，许多重要的车辆系统参数可以提取，例如车辆和地面或两辆车间的速度、俯仰角、距离，以及路面状况[19]。所有这些参数对于开发和正确运行可靠的制动和避免碰撞系统、变道辅助、车辆盲点侦测、安全气囊布防以及碰撞前预警系统等至关重要。

5.2.4 网络雷达：系统描述

在本节中，将对雷达网络架构、信号模型和雷达网络处理方法进行详细的描述。实际上，在当前文献中，可以通过考虑数个网络方面对雷达网络架构进行分类：几何形状、处理方法、传感器规格、复杂性等[8]。特别是，在本节中，我们提出了一种基于传感器网络不同发送和接收选项的首个分类方法，然后研究了基于信号处理的第二种分类方法。

关于传感器组合选项，区分雷达网络的主要方面之一与网元的发送和接收管理有关。实际上，网络的传感器可以分为三大类：（1）单基地；（2）双基地；（3）单/双基地（多基地）雷达系统的组合。

在单基地情况下，网络的每个雷达系统都发送一个特定的信号，每个传感器仅接收自己产生的回波，如图 5.1 所示。这是构建雷达网络的最简单方法，因为不需要同步网络元素，因此整个系统处理过程非常简单。

在第二种情况下，网络由双基地雷达组成，如图5.2所示。此处，雷达网络由一个公共发射器和 N 个空间分离的接收器组成。从图5.2可以明显看出，发射器与每个单个接收器结合形成了一个发射器-接收器对，可以将其识别为单个

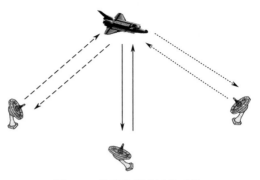

图 5.1　单基地雷达网络系统

双基地雷达系统。这种双基地网络系统可以利用传统双基地雷达的优势，如抗干扰能力强、多重接收系统的简便性以及隐身目标的侦测能力。但是，这些优势是在更复杂的情况下体现出来的，即网络仅由单基地雷达组成的情况。

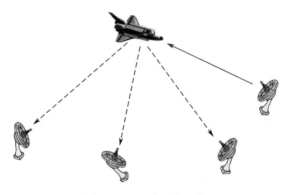

图 5.2　双基地网络系统

单基地和双基地的组合可以认为是最常见的情况。实际上，雷达网络的发射器-接收器对（通常称为节点）都接收自己的信号以及从目标反向散射的信号，这些信号由其他节点传输（图5.3）。发射器-接收器路径对通常表示为网络节点。如图5.3所示，假设有三对发射器-接收器，则雷达网络可认为由九个节点组成，这对应于要处理的信号数量。多基地网络案例结合了单基地和双基地网络类型的优点，从而以系统复杂性增加为代价实现了灵活性和鲁棒性。实际上，为了提高系统灵敏度，每个传感器发送的波形必须彼此正交。此外，由于角度分集，每个天线从不同的角度观察目标，因此可以假定每个传感器接收的所有信号在空间上都是独立的。实际上，每个天线从不同的角度观察目标，因此每个接收器测量的 RCS 可能与另一个传感器获取的其他测量有很大不同。由于上述特征，假设网络节点间的鲁棒同步并充分处理雷达网络数据，可以获得以下优势：①对抗目标闪烁的鲁棒性；②改进的侦测能力；③改

进的目标位置估计；④解析多个紧密间隔目标的能力；⑤增强了对抗干扰的对比度，因此具有强大的电子对抗能力。

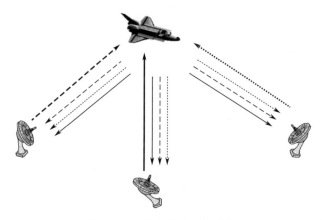

图 5.3　多基地雷达网络系统

对雷达网络进行分类的另一种方法是考虑处理由雷达节点获取数据的替代方法。有两种主要的处理选项，可将雷达网络本质上分为集中式系统和分散式系统。如前所述，有许多参数需要考虑[20]：网络的灵敏度和鲁棒性。系统灵敏度取决于网络的通信和处理能力。传感器网络元素之间可以共享的数据量越大，总体灵敏度越好。为了获得很高的系统灵敏度，必须传输大量数据。集中处理方法试图通过采用中央处理单元来最大限度提高整个系统的灵敏度，该中央处理单元首先收集传感器获取的所有原始数据（不进行任何预处理步骤），然后将所有数据组合在一起以做出最终决定（图 5.4）。然而，此种方法需要非常大的通信带宽，并且可能导致成本非常昂贵。

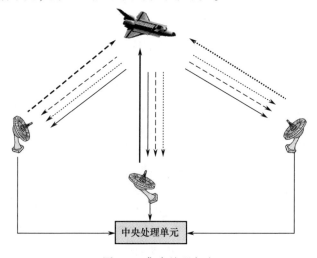

图 5.4　集中处理方法

或者，在分散处理方法中，每个雷达可以先执行一些数据预处理，再将其发送到中央协调器站。然后将预处理结果发送到中央处理单元，在此进行最终决策。分散处理方法如图 5.5 所示[8]。

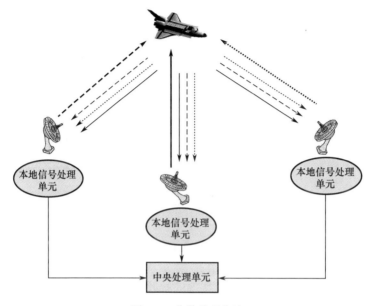

图 5.5　分散处理方法

为了更好地了解集中处理与分散处理之间的关系，我们在下文介绍网状雷达网络信号模型。

5.3　信号模型

在最常见的情况下，可以假定雷达网络由 N 个发射器模块（T_x）和 M 个接收器（R_x）在空间上分开组成。每个接收器包含用于 N 个发射信号的 N 个匹配滤波器。因此，总共有 $N \times M$ 个信号可用于处理器单元。构成网络传感元件的发射器和接收器通常具有相同的系统规格（相同载波频率、相同带宽、相同功率、天线等）。此外，它们在地理上是分开的，以通过利用角度分集来确保上述多视角。让我们介绍一个简单的系统信号模型。到达第 m 个接收器的信号可表示为[21]

$$r_m(t) = \sum_{n=1}^{N} \left[H_{\frac{0}{1}} \alpha_{n,m}(\sigma) s_n(t - \tau_{n,m}) + c_{n,m}(t - T_{n,m}) \right] + I_m(t) + z_m(t)$$

(5.1)

式中：t 为时间变量；$H_{0/1}$ 为 0 或 1，取决于目标的存在或不存在；s_n 为第 n 个发射信号；$c_{n,m}$ 为混乱贡献；z_n 为电子热噪声；I_m 为外部干扰（如干扰）；$\tau_{n,m}$ 为在第 n 个发射器和目标之间的路径以及从目标到第 m 个接收器之间的路径中累积的延迟；$T_{n,m}$ 为第 n 个发射器与第 m 个接收器杂波单元之间的延迟。最后，$\alpha_{n,m}(\sigma)$ 为一个系数，用于说明信号相位、RCS 分布和雷达方程，可表示为[21]

$$\alpha_{m,n} = \sqrt{\frac{P_{Tx}}{N}} \sqrt{\frac{G_{Tx} G_{Rx} \lambda^2 \sigma}{(4\pi)^3 R_n^2 R_m^2}} \exp\left\{-j\frac{2\pi R_{n,m}}{\lambda}\right\} \quad (5.2)$$

式中：G_{Tx} 和 G_{Rx} 分别为发射天线和接收天线的增益；σ 为目标的 RCS；P_{Tx} 为发射功率；R_n 和 R_m 分别为发射器到目标的距离和目标到接收器的距离；$R_{n,m}$ 为电磁信号传播的往返距离[21]。通过忽略杂波的存在，由于匹配滤波操作，接收到的信号可以表示为接收到的信号与系统脉冲响应间互关联的结果，即[21]

$$x_{h,m} = H_{0/1} \alpha_{h,m}(\sigma) R_h(k-\tau_{h,m}) + H_{0/1} \sum_{n=1,n\neq h}^{N} \alpha_{n,m}(\sigma) R_{n,h}(k-\tau_{n,m}) + n_{h,m}(m) \quad (5.3)$$

式中：R_h 为 s_n 的自相关函数（相对于匹配函数 $h(\cdot)$）；$R_{n,h}$ 为 s_n 和 s_h 之间的互相关函数；$n_{h,m}$ 为匹配的滤波器操作后第 m 个接收器收集到的总扰动分量。式（5.3）中的最后两项表示接收器前端的热噪声总体贡献。该方程式强调了正交波形的使用对于将彼此分离和辨别所传输的波形至关重要。为了简单起见，让我们假设一个任意的雷达网络几何形状，针对该几何形状将要分析两种不同类型的系统处理解决方案。实际上，这两个系统之间的唯一区别是接收信号的处理方式。此外，通过假定已授予网络同步，所有信号都可以以矩阵形式写入，表示为[21]

$$A = \begin{pmatrix} x_{11} & x_{12} & \cdots & x_{1N} \\ x_{21} & x_{22} & \cdots & x_{2N} \\ \vdots & \vdots & & \vdots \\ x_{M1} & x_{M2} & \cdots & x_{MN} \end{pmatrix} \quad (5.4)$$

或者，可以通过将矩阵元素重新排列为单个向量 x 来重写先前的公式，表示为

$$x = [x_{11}, x_{12}\cdots, x_{1N}, x_{21}, x_{22}, \cdots, x_{2N}, \cdots, x_{M1}, x_{M2}, \cdots, x_{MN}]^T \quad (5.5)$$

5.3.1 集中式雷达网络处理

在集中式雷达网络方法中，在经过匹配的滤波过程之后，无需任何预处理阶段即可对信号进行相干集成。接收信号的相位高度相关，因为它们完全依赖于目标位置和采集几何系统。但是，信号相位通常利用 [$-\pi$、π] 之间的均匀随机样本描述。实际上，信号的相位由每半个波长包裹的。因此，无法以与

雷达波长精度相同的精度来测量目标位置。在此集中式方法中，如果所有相位都均匀分布，则相干相位积分将对应于某个信号，该信号的幅度可能小于每个雷达网元记录的幅度之和。在最坏的情况下，当振幅恒定且相位求和的结果为 2π 时，集成信号可以完全抵消。在此种极端情况下，此种处理策略将提供较低的性能极限，并且在集成操作后得到的信噪比（SNR）将与单个传感器的情况相当。在集中式雷达网络处理中，对样本进行相干求和，然后将相对信号功率与侦测阶段的阈值进行比较。在此种情况下，相干侦测器可以表示为

$$\left| \sum_{k=1}^{N} x_k \right|^2 \underset{H_0}{\overset{H_1}{\gtrless}} \eta \tag{5.6}$$

式中：η 为可用的决策阈值。另一个相干雷达网络处理是重新定相的相干处理。重新分阶段的方法采用与先前情况相同的样本，但是中央处理单元执行一个附加步骤。附加步骤的目的是根据目标的确切位置对齐式（5.5）中定义的矢量信号 x 相位，从而最大化 SNR 并随后改善全局系统侦测性能，表示为[21]

$$\left| \sum_{k=1}^{NL} x_k \, \mathrm{e}^{-j\vartheta_k} \right|^2 \underset{H_0}{\overset{H_1}{\gtrless}} \eta \tag{5.7}$$

式中：相位项 $\mathrm{e}^{-j\vartheta_k}$ 代表重新定相的信号。此种进一步的处理方法利用了对目标位置的确切了解，并假定了网络传感器之间的充分同步。虽然这是不切实际的，但从科学的角度来看却非常有趣，因为它在最大化系统 SNR 的同时为侦测环境提供了上限。虽然连贯的方法最有效，但也最难实现。实际上，为了推导在式（5.6）和式（5.7）中定义的精确相干侦测器，我们已经假定网络节点之间具有充分的同步，并且原始信息（即信号的幅度和相位）无损发送到中央处理器单元。遗憾的是，在许多情况下，由于缺乏高效、可靠的通信链路，无法实现充分同步或无法将原始数据发送到中央单元。在这些情况下，必须实施次优处理策略。此种处理策略就是我们先前在分散处理中指出的。

5.3.2 分散式雷达网络处理

分散网络方法相对于集中方法是次优的。分散式处理方法的特征在于整个侦测阶段的双重阈值。对于整个雷达网络的处理策略，此种处理技术实际上是以前集中式方法的替代方案。虽然这种方法是次优处理方式，但它也是最常用的实践方法。假设网络节点在第一阶段彼此独立工作，并且所有分离的结果随后在第二阶段融合在一起。在第一步中，每个单独的传感器执行"软"侦测（也表示为软决策）。在第二步中，将所有软决策合并在一起，从而提供最终的"硬"决策输出。可以将所有节点上的阈值设置为不同的值，以确保所有传感器的虚警率（FAR）相同[22]。

在执行每个软判决之后，一个仅包含二进制 $\{0,1\}$ 值、0（如果不存在

侦测) 和 1（如果已侦测到目标）的向量 v 可用于后续处理阶段。在第一阶段之后，如果向量 v 的至少 Q 个元素等于 1，则硬侦测器将确定目标的存在，否则侦测器将确定目标的不存在。硬侦测规则的数量 Q 可以根据系统的规格而变化，如针对虚警率的特定值或对于侦测概率的固定值等。硬侦测器可表示为[21]

$$\sum_{k=1}^{NM} v(k) \geq Q \qquad (5.8)$$

否则，当已经收集了来自整体分布式传感器的所有软决策时，并相应于式 (5.8) 中定义的侦测标准，则最终应用硬侦测规则。即使与以前的情况明显不同，分散处理也为系统提供了良好的抗干扰能力[21]。如前所述，集中式处理方法需要网络传感器之间的充分同步。另一方面，分散范式的要求不那么严格，并且可以容忍某些同步错误。此外，这两种方法之间的另一个重要区别是将数据从节点传输到决策单元所需的链路带宽[23]。集中式方法需要传输全部接收信号的幅度和相位，而分散式方法则只需要单个子系统决策（即软侦测矢量）。发射和接收雷达数据的通信约束条件可能相差很大，显然雷达网络系统的设计者也应考虑这些约束条件。由于上述特征，相对于集中式系统，分散式网络系统更加稳定，因此，它在作战型雷达网络中最常用。

5.4 雷达网络同步问题

如前所述，同步问题是影响几乎所有雷达系统组件的主要问题。它们涉及发射器、接收器和目标。它们在雷达脉冲的产生、雷达系统的内部通信以及传感器本身的电子设备中发生。如上一节所述，集中式雷达网络处理方法具有使信噪比最大化的能力，可以轻松地将其视为当前可操作雷达网络中部署的所有侦测处理方法中的基准。但是，集中处理需要确保所有网络元素的相位一致性[24]。实际上，相位同步非常重要，它代表了集中式和分散式雷达处理方法之间的主要区别之一。遗憾的是，雷达网络的每个元件通常都使用不同的本机振荡器工作，并且每个振荡器都受到统计上独立的相位偏移的影响。换句话说，所发射的载波信号由于未知量而出现振荡。因此，同步对集中式处理是必不可少的。但是，系统同步确定了附加的硬件和软件复杂性（例如，在计算时间方面，雷达网络元件间进行协调的其他开销的附加成本）。无论如何，考虑到雷达网络可能带来的益处，通过恢复同步获得的改进性能将会增加成本[24]。

网络同步可以分为三个宏观领域：相位、频率和脉冲同步问题[25]。

从发射器的角度来看，在集中式网络系统中，相位和频率同步很容易实现,因为它们可以通过雷达网络节点轻松测量和补偿。相反,关于脉冲同步,为了使接收的信噪比尽可能最大化,应该以提供最大幅度信号的方式添加连续的接收脉冲。因此,脉冲同步处理连续脉冲之间从目标反射出来的重叠百分比。如果不同的脉冲完全同步,则在接收器端可获得最大信噪比。不同的是,如果脉冲由于同步状态的改变而没有彼此完美地重叠,则接收到的信噪比将会降低。现在让我们考虑相位同步问题及其对系统信噪比的影响。假设 N 个节点同时发送一个脉冲,这些脉冲将在不同的时刻到达目标,具体取决于传感器与目标之间的相对距离以及所观察区域中的介质条件。为了简单起见,我们只考虑两个接收信号。当这些脉冲到达接收器时,它们将根据以下模型进行组合[25],即

$$\begin{cases} r_1 = A\sin\left(\frac{2\pi}{\lambda}\xi - vt\right) \\ r_2 = A\sin\left(\frac{2\pi}{\lambda}\xi - vt + \varphi\right) \\ r_{12} = r_1(\xi,t) + r_2(\xi,t) = 2A\cos\left(\frac{1}{2}\varphi\right)\sin\left(\frac{2\pi}{\lambda}\xi - vt + \frac{1}{2}\varphi\right) \end{cases} \quad (5.9)$$

式中:ξ 为参考位置变量;v 为频率;t 为时间变量;φ 为两个脉冲之间的相位差。到达目标的发射脉冲间的相位差将导致反射脉冲具有不同的幅度[25],即

$$|r_{12}| = 2A\cos\left(\frac{1}{2}\varphi\right) \quad (5.10)$$

和

$$\text{SNR} = \frac{A'^2}{kT} = \frac{\left[2A\cos\left(\frac{1}{2}\varphi\right)\right]^2}{kT} \quad (5.11)$$

式中:A' 为反射幅度;kT 为考虑雷达系统干扰的比例因子。式(5.11)中描述的信噪比特征在于相位差同步自变量的正弦趋势。因此,通过改变两个脉冲之间的相位差,如果相位差 φ 是 π(完美同步情况)的偶数倍,则可以获得等于 N^2 的信噪比增益。否则,如果相位差 φ 是 π 的奇数整数倍,则信噪比将为 0(完全破坏性干扰)。虽然是基本概念,但了解同步问题主题的重要性至关重要。

如上所述,必须将信噪比最大化的点是从目标到接收器的反射。因此,主要关注的问题是目标间发射脉冲之间的相互作用。为什么目标脉冲间的同步可能不会采用为射脉冲提供最大可能信噪比的方式发生,存在数个原因。

可能出现不同步的第一个原因与目标位置估算中的错误有关。在此种情况下,脉冲将以降低信噪比的方式组合,从而降低整体雷达网络性能。

同步丢失的第二个原因是定时误差,或者是脉冲发送时间之间的误同步。与该错误相关的影响是,发射的脉冲在预期的时间未达到目标,从而导致雷达

系统的信噪比损失。

错误同步的第三个原因是多普勒效应，这是定时误差的一部分。实际上，脉冲不应该到达目标，因为传感器和目标之间的相对运动引起的多普勒效应会导致移动目标的测量位置发生偏移。结果是脉冲损失了一些潜在的信噪比增益，从而损害了雷达系统网络的性能。

为了解决上述问题，雷达网络必须能够采用最合适的算法解决上述原因并补偿同步误差[25]。为了获得可观的收益并利用雷达网络的功能，必须保证随时间的同步。可以合理地假设分布式雷达网络可以在随时间变化的不同天气条件的大范围内运行。雷达网络元素必须彼此交互，从而提供反馈，并重新安排自身以修改雷达网络的运行条件。必须进行更改以改变系统参数，以保持相位和脉冲同步。为了完成网络元素之间的交互，这些传感器必须就共同的时间观念达成共识。在集中式雷达网络中，不能将定时同步视为一个大问题，因为定时同步通常由中央处理器控制的通用时钟来管理，因此没有时间歧义。在分散式系统中，没有全局时钟或公共内存。每个处理器都有自己的内部时钟和自己的时间概念，必须使用同步算法[26]。

最重要的同步算法可以分为两个主要系列：主从和对等。在主从模式中，一个传感器标识为主节点，其他传感器标识为从节点，每个从节点仅与主节点通信。从节点将主节点的本地时钟读取作为参考时间，它们尝试与主节点同步。相反，在对等模式中，任何传感器都可以与网络中的每个其他节点直接通信，从而消除了主节点故障的风险，这将防止进一步的同步问题。对等配置提供了更大的灵活性，但是同时，它们也更难以控制[27]。

5.5 数据融合方法

为了利用雷达网络的所有潜力，有必要适当地组合传感器在感兴趣区域上收集的信息。因此，数据融合对于实现可操作的雷达传感器网络而言是非常重要的问题。在文献中，它定义为"将代表同一真实世界对象的多个数据和知识整合为一致、准确和有用表示形式的过程"[28]。数据融合的目的是将来自两个或多个源的相关信息组合为一个信息，以便提供比任何单个数据源更准确的描述[29]。在20世纪80年代中期，数据融合小组提出了一个概念模型，该模型确定了可应用于传感器数据融合框架的特定技术过程、功能和类别。当前，有6个级别构成数据融合模型[30]。

(1) 级别0：源预处理/主题评估。初始过程将数据分配给适当的过程，并执行数据预筛选。

(2) 级别1：对象细化。该过程结合了位置、参数和身份信息，以实现对单个观察目标（如发射器、平台、武器）的精确表示。级别 1 处理执行四个关键步骤：①将来自多个传感器的数据转换为一致的单位集；②完善目标位置和运动学参数的估计；③将数据分配给对象，从而允许使用统计估计技术；④执行观察目标的分类[28]。

（3）级别 2：情境优化。级别 2 处理对环境中物体和事件之间的当前关系进行了描述。情境优化还以类似的方式解决了数据解释的问题，即人类如何解释传感器数据的含义[28]。

（4）级别 3：影响评估，关键改进（或威胁改进）。级别 3 处理将当前情况预测为未来，以推断出操作的威胁和机会[28-31]。在可能的策略中，可以应用专家系统、黑板架构和模糊逻辑技术。

（5）级别 4：流程优化。级别 4 处理是一种元过程，它控制其他内部过程。与级别 1 一样，级别 4 处理执行四个关键功能：①实时监控数据融合过程的性能；②识别需要哪些信息来改进多级融合产品；③确定特定于源的要求，以收集相关信息（即哪个传感器类型、哪个特定传感器、哪个数据库等）；④控制、分配和引导源以实现整个系统目标。级别 4 处理也视为边界数据融合过程，因为它部分位于数据融合上下文之内和部分位于之外[28-32]。

（6）级别 5：用户优化（或认知优化）。级别 5 处理在谁查询信息和谁有权访问信息之间进行数据适配，以支持认知决策和行动（即人机界面）[33]。

5.5.1　多基地雷达网络中的数据融合架构

开发可操作雷达网络的主要问题之一是在数据流中将所有传感器的数据流实际融合在何处。雷达网络的架构与执行的数据融合类型密切相关。通常，融合系统的结构有三种选择[34]：①集中式；②分散式；③分层或混合。

在集中式融合范例中，数据融合由中央处理器单元（或数据融合中心，图 5.6）处理，网络所有元素都与该中央处理器单元互连。融合中心从所有雷达节点收集所有信息，并确定每个传感器执行的操作。

在分散的数据融合范例中，数据由本地处理单元直接在本地传感器上融合（图 5.7）。在此种情况下，每个雷达传感器都可以看作是在决策过程中具有一定程度自主权的智能系统。传感器协调是通过通信链路连接网络节点来实现的。在参考文献［35］中，已经观察到使用分散数据融合范例可以实现以下益处。

（1）结构可伸缩性，在计算和通信限制方面没有任何限制。
（2）在通信链路故障或网络系统可能发生动态变化情况下的生存能力。
（3）用于设计和实现融合模块的模块化方法。

然而，传感器间共享的信息量可能是一个严重的问题，可能在分散式融合网络中出现[36]。此外，另一个非常重要的方面是在没有通用控制工具的情况下，节点之间的数据交换管理。实际上，发送器和接收器之间的延迟可能会导致网络状态的短暂不一致，从而导致整个网络系统的性能下降[37]。

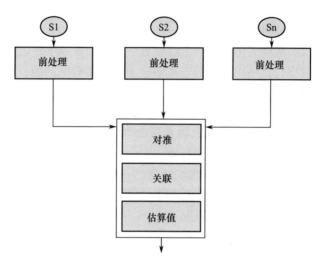

图 5.6 集中式融合范例

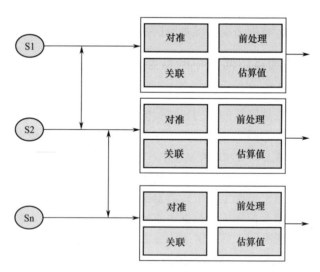

图 5.7 分散式融合范例

最后，分层/混合融合方法包括集中式和分散式融合结构。在混合融合系统中，通常存在不同层次的层次结构，其中最高层次由全局融合中心表示，而最低层次由多个局部融合中心组成，这些局部融合中心都与全局融合中心互连[38]（图 5.8）。每个本地中心负责管理网络节点的子集。可以基于地理位置范例或传感器功能性能来实现划分规则。

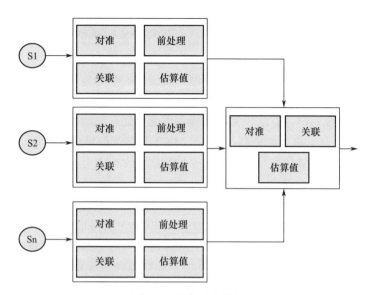

图 5.8 混合融合范例

5.5.2 多基地架构中的信息融合方法

融合雷达网络信息有三种主要方法[28]。第一种方法是对每个雷达节点观测到的原始数据进行融合；第二种方法是对参数状态向量进行融合，通常代表通过各个传感器测量（如目标侦测、目标位置和目标速度）实现的最佳估计；第三种方法是混合融合方法，它利用原始数据或已处理的状态向量数据。

原始数据的融合通常在集中式架构范式（集中式融合方法）中执行。首先，在集中式架构框架中，通常将来自不同传感器网络的原始数据与公共坐标和单位对齐，以便由中央处理单元轻松处理。然后关联数据以确定传感器和观测值之间的对应关系。也就是说，在雷达网络环境中，有必要确定哪些观测值代表同一目标。此种关联问题可能非常复杂，尤其是在目标密集的环境中。然而，在关联阶段终止后，通常使用顺序估计技术（如基于卡尔曼滤波器的算法）将数据融合[39]。从理论上讲，此种集中式融合方法是融合数据的最准确方法。但是，该方法还需要将原始数据从所有网络节点传输到中央处理设备。因此，在大量数据（如成像数据）的情况下，这可能需要非常大的通信带宽，这将超过实时操作环境下当前技术可用的通信带宽。

第二种信息融合方法通常以分散式架构范例来实现（即分布式融合方法）。实际上，对于分散式架构，每个传感器通常执行单源位置估计，从而生成有关每个网络节点的目标状态向量的信息。这意味着每个传感器仅基于其自身的单源数据，提供对所侦测目标的位置和速度的估计。然后，将位置和速度的估计（即状态向量估计）视为数据融合过程的输入，以实现基于多个传感器输出的联合状态向量估计。还应该指出，在这种方法中，仍然需要执行数据对齐功能和数据关联过程，但是现在是在状态向量级别而不是原始数据级别执行的。相对于集中式方法，分散融合方法的重要优势实质上与减少传感器之间交换的数据量有关。实际上，由每个网络传感器收集的传感数据会压缩成一个代表性的状态向量，该向量相对于原始数据感应通常具有有限的计算工作量。此外，对于分散式融合方法，关联过程在概念上比在原始数据级别执行的过程更容易[28]。但是，由于传感器与融合过程之间存在信息丢失，因此分散式融合方法不如集中式融合准确。特别是原始数据包含更多有关目标的详细信息。

最后注释是关于混合信息融合的，它结合了原始数据和状态向量融合方法。此种方法试图结合两种方法的优点，同时限制它们的缺点。实际上，在普通操作期间，通常执行状态矢量融合方法，以减少数据量和通信需求。相反，当需要更高的精度或雷达网络处于目标拥挤的场景时，系统可能会决定采用集中式融合方法。或者，在某些极端情况下，状态向量和数据的组合可能会融合。即使混合架构可以提供非常好的灵活性，它也需要额外的处理开销来监视融合过程，并因此在集中式和分散式融合方法之间进行选择。

对于任何给定的信息融合应用程序，没有单一的最佳架构。相反，架构和数据融合策略的选择必须平衡计算资源、可用的通信带宽、所需的准确性和传感器的功能[40]。

5.5.3 雷达网络融合的成就

雷达网络技术和多基地数据融合是不断发展的同一问题的两个方面。事实上，目前有大量正在进行的研究致力于开发新技术，改进现有算法并了解如何将这些方面组合到一个能够提供多种数据融合方法的整体网络架构中[28]。通过考虑上一节中介绍的实验室/数据融合信息小组联合主任的数据融合模型，数据融合的最发达领域是级别 1 处理。

在雷达网络融合的背景下，基于多个传感器的观测结果进行侦测、跟踪和目标成像的问题是一个相对较旧的问题。事实上，高斯和勒让德（Legendre）在 18 世纪开发了首个最小二乘法估算小行星的轨道[41]。许多数值技术都可以用来侦测目标并估计其位置和速度。卡尔曼滤波器[42]是最著名和最有用的顺序估计技术。当前，在高信噪比环境中以及对于动态可预测目标的单个目标跟踪问题是最为突出的。在存在涉及多径传播效应、同信道干扰或杂波干扰复杂场景的情况下，大多数科学研究的注意力现在都集中在解决多目标和多传感器环境中的机动目标问题。事实上，在过去的几十年中，人们开发了许多创新技术，如多重假设跟踪（MHT）、概率数据关联（PDA）方法、随机集[43]和多准则优化理论[44]来解决多传感器多目标跟踪问题。最近，通过基于算法性能和操作环境选择最合适的解决方案，同时使用了上述技术[28]。

相对于级别 1，级别 2 和 3 提出的方法仍然相对不成熟，几乎没有稳定的操作系统。关于级别 2 处理，贝叶斯决策理论和 Dempster – Shafer 证据推理[45]是最常用的技术。一方面，贝叶斯决策理论用于通过合并和解释由多个雷达传感器提供的重叠数据来生成不确定系统状态的概率模型[28]。另一方面，Dempster – Shafer 方法认为是传统概率决策理论的替代方法[46]。实际上，在这种方法中，假设不必相互排斥，所涉及的概率可以是经验的或主观的[47]。当前，用于级别 3 融合处理的主要方法是专家系统[48]、黑板架构[49]和模糊逻辑[50]。

级别 4 评估并优化了可操作数据融合过程的性能。但是，现代雷达网络涉及多个传感器、操作任务约束、动态观察环境、多个目标等。因此，级别 4 处理水平尚未得到科学发展，它代表了一个开放的研究主题。

5.6 多目标跟踪

多目标跟踪问题具有 40 多年的研究历史，请参阅参考文献[42]。杰弗里·乌尔曼（Jeffrey Uhlmann）[51]很好地解释了多目标跟踪问题，他使用从棒球比赛中得到的示例对其进行了描述。当美国职业棒球大联盟的外场手碰到一个长飞球时，跟踪移动物体看起来很容易。在数百英尺的距离内，守场员计算出球的轨迹在 1inch① 或 2inch 之内，而落下时间则在毫秒之内。但是，如果要求一个外场手一次跟踪 100 个飞球呢？事实证明，即使是 100 个守场员试图同时跟踪 100 个球，也会发现这项任务是不可能完成的。此种问题不会在棒球中出现，但是在其他领域中具有相当大的实际意义，例如弹道导弹防御、视觉监视[52]、生物医学分析[53,54]、机器人技术[55,56]、生活辅助[57,58]和自动驾驶[59-61]。

多目标跟踪的一个基本方面已经在 1964 年由 Sittler 确认[62]，即测量原点不确定度（MOU）[63-67]，也就是说，在跟踪算法中用于更新目标轨道的测量可能没有源自真正的目标。此种情况可能发生在监视系统中，在该监视系统中传感器通常在 FAR 较高的混乱环境中运行。当多个目标位于同一邻域中并且无法将观察到的侦测结果（假设已解决）与各种目标确定地关联以产生最终测量值时，也会发生此问题。当有多个目标但其数目未知时，在轨道形成问题中可能会发生类似情况，并且某些测量值可能是虚假的。在参考文献[68]中，作者针对单个目标案例计算了由于测量原点不确定度而导致的标量信息约简因子，从而量化了存在测量原点不确定度时估计性能的下降。确实，滤光和多目标跟踪间的主要区别之一是测量原点不确定度。实际上，在简单的滤波技术

---

① 1inch = 2.54cm。

中，测量值并不是模棱两可的，也就是说，它们与目标完美关联。然后，使用如最近邻域滤波器的标准估计算法的应用，可能导致在经常发生杂散测量的环境中产生非常差的结果[69]。Bar–Shalom 在参考文献[63，65，66]中提出的第一个成功解决测量原点不确定度问题的方法是对单个目标案例采用概率数据关联，并将其推广到多个目标案例采用联合概率数据互联（JPDA）。参考文献[70]概述了概率数据关联技术及其在不同目标跟踪场景中的应用。同时，提出了另一种功能强大的算法多重假设跟踪。参考文献[64]中给出了假警报背景下针对单个目标传播多个假设的基本思想，而里德[67]首先开发了一种完整的算法方法。在参考文献[71]中，布莱克曼概述了多重假设跟踪背后的基本原理以及在常见情况下使用的替代实现。联合概率数据互联和多重假设跟踪都是多目标跟踪策略未来发展的基本构建过程，导致越来越复杂的解决方案，如参考文献[70，71]中所述。在最重要的发展中，我们提供了交互多模型（IMM）滤光（参考文献[72，73]）以在机动过程中跟踪目标、将先验信息纳入跟踪器的可变结构 IMM[73]、处理未解决目标的能力（参考文献[74]）、跟踪扩展目标的随机矩阵框架。参考文献[75，76]中提供了多目标跟踪策略之间的定量比较，其中将这些技术分为 35 种以上不同的算法类型。进行比较的方式是列出每种算法，并对处理方案、数据关联机制、复杂度缩放（具有目标数量和状态维）、总体复杂度以及主观性能指标进行分类。与联合概率数据互联和多重假设跟踪一样，多目标跟踪方法是基于常规概率论[77]。一类最新的多目标跟踪方法基于有限集统计量[78-81]。目标状态和测量值会建模为随机有限集（RFS），这意味着它们没有顺序，而且该集中的元素数量也建模为未知随机变量。Mahler 开创性工作[78]提供了 RFS 的主要优势和典型特性。参考文献[75]中提出了一种贝叶斯滤波解决方案，即概率假设密度（PHD）滤波器，该方法传播了多目标后验的一阶统计矩，而不是整个后验分布。PHD 是一种函数，其在状态空间任何区域中的积分都是该区域中目标的预期数量。PHD 滤波器及其扩展、基数化 PHD（CPHD）[82]在多目标跟踪社区中越来越受欢迎，并导致了许多不同的派生、解释和实现[79]。在参考文献[81]中，研究了在传感器数量达到无穷大的极限状态下 PHD 的渐近特征，证明了 PHD 是渐近有效的。在 RFS 框架中进一步开发包括多伯努利滤波器[83]和标记的多伯努利滤波器[84,85]。在经典多目标跟踪和基于 RFS 的多目标跟踪中都有用的通用构件是顺序蒙特卡罗（SMC）方法[86,87]。SMC 方法为时变随机对象的采样概率分布提供了有效的计算解决方案。它们允许使用任意非线性非高斯运动和测量模型开发多目标跟踪算法。许多多目标跟踪方法在计算上要求很高，并且其复杂性无法随着目标数量和其他相关系统参数的扩展而很好地扩展。因此，在资源受限的设备上使用它们通常是不切实际的。通过使用置信度传播（BP）方法可以获得具有较低复杂性和良好可伸缩性的多目标跟踪。置信度传播提供了最佳贝叶斯推断的原理近似值，实现了非常吸引人的性能 - 复杂性折中[88,89]。由于其通用性和灵活性，它适用于一般的非线性、非高斯系统模型，并且能够容纳未知且时变的超参数。但是，只有最近工作才考虑将其用于多目标跟踪[90-96]。BP - MTT 是一种很有前途的方法，因为它为数据关联问题提供了高效的解决方案。由于其低复杂度和良好的可伸缩性，基于置信度传播的方法也适用于涉及大量目标和/或传感器和/或测量的大规模跟踪场景，并适用于资源受限的设备。近年来，如参考文献[97，98]中所述，此类多目标跟踪方法已成功地使用雷达技术应用于现实世界的监视场景。

5.6.1 雷达网络的多目标跟踪问题

最常见形式的多目标跟踪问题可以描述如下。在（离散）时间 k 上，存在 N_k 个目标，可以用指数 $i \in \{1,2,\cdots,N_k\}$ 表示。时间 k 第 i 个目标的状态 $\boldsymbol{x}_k^{(i)}$（由随机矢量描述）由目标位置以及可能的其他参数（即速度）组成。对于多个雷达 $s \in \{1,2,\cdots,S\}$，时间 k 处，雷达网络生成 $M_{k,s}$ 的测量值 $z_{k,s}^{(m)}$ 和 $m \in \{1,2,\cdots,N_{k,s}\}$。

此外，对于每个传感器，测量不能同时源自多个目标。因此，一个目标每个传感器最多可以产生一个测量值。测量源自目标 i 的概率（即传感器 s 在时间 k 侦测到目标 i）为 $p_d^{(s)}$。此种侦测概率可以取决于电磁环境，如参见参考文献[15，99，100]。每个传感器还收集源自杂波的测量值，通常将其建模为具有参数 $\mu_c^{(s)}$ 的泊松随机变量。然后，在时间 k，可以使用标准 MOU 假设文献[42]和文献[95，96]获得单传感器似然函数，即

$$f(z_{k,s}, M_{k,s} | \boldsymbol{x}_k) = \frac{e^{\mu_c^{(s)}}}{M_{k,s}!}(1 - p_d^{(s)})^{N_k} \prod_{M=1}^{M_{k,s}} \mu_c^{(s)} f_c^{(s)} z_{k,s}^{(m)} \times \sum_{\boldsymbol{a}_{k,s}} \psi(\boldsymbol{a}_{k,s})$$
$$\prod_{i \in N_{a_{k,s}}} \frac{p_d^{(s)} f^{(s)}(z_{k,s}^{(m)i} | \boldsymbol{x}_k^{(i)})}{\mu_c^{(s)} f_c^{(s)}(z_{k,s}^{(m)i})(1 - p_d^{(s)})} \tag{5.12}$$

式中：$\boldsymbol{x}_k \triangleq [x_k^{(1)T},\cdots,x_k^{(N_k)T}]^T$；$f^{(s)}(\cdot)$ 和 $f_c^{(s)}(\cdot)$ 分别为目标起源的可能性和杂波分布；$\boldsymbol{\alpha}_{k,s}$ 为测量值与目标之间的关联矢量（请参阅参考文献[95，96]中的详细信息）；$N_{\alpha k,s}$ 为传感器 s 在时间 k 处观察到目标集合；$\psi(\boldsymbol{\alpha}_{k,s})$ 为一个指标函数，当给定目标状态 $\boldsymbol{x}_k$ 的关联 $\boldsymbol{\alpha}_{k,s}$ 不可行时，该函数为零。指出关联数量随目标数量 N_k 和测量数量呈指数增长。因此，如果没有适当的"近似值"，使用强力进行的计算通常是不可行的。从统计角度来看，多目标跟踪问题是双重的，因为它同时包含侦测问题和估计问题[81]。多目标跟踪问题可以总结如下。基于观测值 $z_{k,s}$，$s=1,2,\cdots,S$ 到时间 k 可用，我们想要：

（1）侦测目标数量 $\widehat{N}_k$。

（2）估计其状态 $\widehat{\boldsymbol{x}_k} \triangleq [x_k^{(1)},x_k^{(2)},\cdots x_k^{(N_k)}]^T$。

假设知道（或估计）x 的后验分布，则最优解将涉及基于贝叶斯成本最小化的优化过程。然而，即使后验可用，此种过程在计算需求上也有风险。大多数多目标跟踪程序都试图近似后验及其相关的估计量。例如，联合概率数据互联通过跟踪逻辑提供了目标数量，并假设每个目标的边缘后验（和先验）为高斯分布，然后计算其均值和协方差[42]。PHD 是代表包含 x_k 元素的 RFS 期望值的函数[78]。BP 跟踪器参考文献[95]和参考文献[96]计算 x_k 每个元素的近似边缘后验。多目标跟踪问题的性能指标只能与侦测问题有关，如参见目标时间（ToT）对 FAR[100]，或者仅与估计问题有关，例如参见均方误差（MSE）[15]。在参考文献[101]中提出的最佳子模式分配是一种同时考虑了侦测误差和估计误差的度量。

5.7 海上监视雷达网络：近期试验

在本节中，我们描述了北约科学技术组织海事研究与试验中心最近开展的一项试验。尤其是，由两个海洋 HFSW 雷达（恰好是汉堡大学开发的两个 Wellen Radar（WERA）系统）组成的简单网络[102]沿意大利海岸利古里亚海（地中海）[97,103]部署，用于远程传感和海上监视。

5.7.1 试验设置

在 2009 年太空战准备（BP09）期间，在靠近拉斯佩齐亚市（北纬 44°2′3″，东经 9°50′36″）的帕尔玛利亚（Palmaria）岛和比萨附近的圣罗索尔（San Rossore）公园（北纬 43°40′53″，东经 10°16′52″）部署了两个 WERA 系统。图 5.9 显示了代表试验的简单图片以及 HFSW 雷达的覆盖范围。

与两个传感器所照射的非常远距离（远超出光学范围）相比，即使由 $\lambda_0/4$ 偶极子阵列（其中 λ_0 是透射波长）组成的发射器（Tx）和接收器（Rx）相隔约 300 m，WERA 仍认为是准单基地系统。在基于地面的安装设置中，发射器通常呈矩形排列，而在实验过程中，接收器由 16 个元素的线性阵列（可使用不同的 Rx 阵列配置）构成，数组元素间的间隔为 $\lambda_0/2$。两个阵列配置北部的角分别为 296.2° 和 12.0°。两个 WERA 系统以相同的工作频率（即 f_0 = 12.5MHz），但具有正交波形（即上扫和下扫）传输线性调频连续波信号。距离分辨率为 1.5km，线性调频带宽 B = 100kHz。两个雷达系统发射的平均功率约为 35W。处理链如下。通过汉堡大学研究小组开发的 3-D（即距离、方位角和多普勒）有序统计常数 FAR（OS-CFAR）算法进行目标侦测。由 512 个（或 256 个）样本组成的相干处理间隔（统计上不是独立的），重叠率为 75%，即每 33.28s（或 16.64s）进行一次侦测。这两个系统通过 GPS 时钟同步。重要的是要观察到,对于 HF 频段的海洋学参数估计而言,需要较长的集成间隔。实际上,最初将这两个系统主要用于遥感目的(即海况、波谱、风和海流感应)。船舶侦测和跟踪功能成为可能,但以计算复杂性增加为代价。自动识别系统(AIS)船舶报告由位于卡斯特利亚纳岛(北纬 44°4′3″,东经 9°48′58″,海拔 200m 的基站)提供。如以下详细说明的那样,这些数据用作评估系统性能的真实信息。

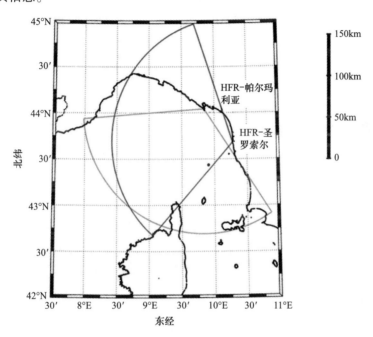

图 5.9 北约在高频雷达上的试验:(绿色)帕尔玛利亚和(红色)圣罗索尔遗址和保护区[103](见彩插)

5.7.2 性能评估

在本节中,我们描述了用于评估目标侦测、跟踪和融合算法性能的过程。通常,超过给定总吨位①的船舶和船只都配备了 AIS 应答器,用于向附近船只和地面站跟踪并报告其位置。如前所述,AIS 信息用作真实数据。多目标跟踪策略基于联合概率数据互联范式,即贝叶斯方法,该方法使用概率权重将所有经过验证的度量值与轨迹相关联。轨迹启动/确认和轨迹终止逻辑分别基于 N (M/N) 和 N^*/N^* 个标准中的 M 个。我们应用了无迹卡尔曼滤波器(UKF),从而在跟踪性能和算法计算负担之间提供了良好的折衷。实际上,与距离测量

---

① 所有总吨位超过 300t 且从事国际航行的船舶,所有总吨位 500t 且未进行国际航行的货船和所有客船,均需使用 AIS。

相关的距离率测量的使用将建议与 UKF 一起使用,而不是使用扩展的卡尔曼滤波器或转换后的测量卡尔曼滤波器。然后,通过参考文献[97]中所述的航迹间关联和融合(T2T – A/F)逻辑,将由多目标跟踪在每个 HFSW 雷达站点产生的确认航迹合并。通过采用以下指标,定量评估了建议的多目标跟踪策略和最终 T2T – A/F 系统的侦测和跟踪能力:

(1)目标时间和虚警率:目标时间定义为跟踪算法跟随目标的时间与整个插补船舶路线间的比率(参考 AIS 数据的发生时间与雷达时间戳完全不同步)。虚警率定义为错误侦测和跟踪接触的数量,通过记录时间间隔和所有调查区域的面积归一化。理想系统 $ToT = 100\%$ 且 $FAR = 0$(即无误报)。

(2)RMSE:雷达系统的精度根据 RMSE 进行评估,代表了所探测目标的定位能力。

5.7.3 试验分析

在 2009 年 5 月 8 日至 6 月 4 日期间收集的 25 天数据,集中对 OS – CFAR、JPDA – UKF 和 T2T – A/F 过程进行了测试。如参考文献[103]中所述,仅在融合区域(即传感器覆盖区域重叠的区域)中进行了分析。这样就有可能观察到相同的船舶路线,并在单个雷达和融合系统之间进行公平的比较。在该地区,每天配备 AIS 的船只的平均数量介于 59(5 月 18 日)和 91(5 月 26 日)之间。表 5.1 总结了多目标跟踪算法中使用的参数,表 5.2 列出了用于性能评估的参数。

表 5.1 多目标跟踪参数

规范	值	参数
采样期	16.64s/33.28s	T_k
过程噪声	$10^{-2}ms^{-2}$	σ_v
标准偏差范围	150m	σ_r
标准偏差	1.5°	σ_b
标准偏差范围率	$0.1ms^{-1}$	σ_r
侦测概率	0.35	P_D
杂波密度	$10-9ms^{-2}$	λ
阈值	3.32	γ
初始滤波器(位置)	500m	$\sigma_{x,y}$
初始滤波器(水平)	$10ms^{-1}$	$\sigma_{x,y}$
最大速度	$25ms^{-1}$	$v_{最高}$
跟踪启动逻辑	7/8	M/N
跟踪终止逻辑	3	N^*

表 5.2 表现评估程序参数

规范	值	参数
PVR 范围阈值	1.5km	δ_r
PVR 承受阈值	2°	δ_b
PVR 范围率阈值	2ms^{-1}	δ_r
AIS 标志最长时间	30s	δT_{max}

图 5.10 描绘了 1 天的示例输出。船舶轨迹和真实有效航迹显示如下。T2T-A/F 和 AIS 航线的输出航迹分别在调查区域以蓝线和灰线表示。据显示了两个 JPDA-UKF，即帕尔玛利亚（绿色）和圣罗索尔（红色）。正如我们从初步的视觉比较中所观察到的，在输出航迹与距海岸约 100km 的 AIS 可用船舶路线之间有很好的一致性。

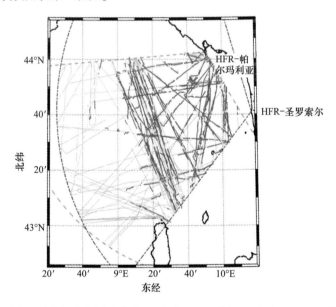

图 5.10 融合区域中的真实活动轨迹：（灰色）AIS 数据，（绿色）相对于帕尔玛利亚传感器的跟踪路线，（红色）圣罗索尔系统和（蓝色）网络雷达系统的融合 T2T 算法[103]（见彩插）

5.7.3.1 目标时间分析

图 5.11 分别显示了目标时间分析的变化范围、方位角和变化率。目标时间与距离的关系如图 5.11（a）和图 5.11（d）所示，这是在 10km 的距离间隔内估算的，并在整个方位角和范围速率间隔内进行平均。帕尔玛利亚的峰值发生在 10～50km 的间隔内，其中 JPDA-UKF（红色）的 ToT 约为 65%～77%，OS-CFAR 算法（黄色）的 ToT 约为 49%～58%。T2T-A/F 策略（蓝

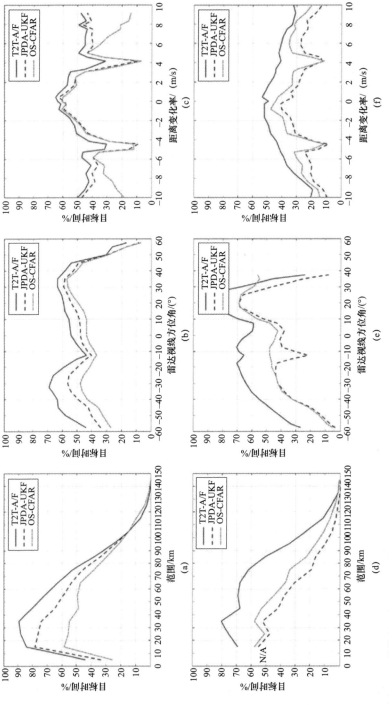

图5.11 估算的目标时间百分比与距离(km)、方位角(°)和距离变化率(m/s)的关系。(上部图)帕尔玛利亚和(下部图)圣罗索尔地点：(蓝色) T2T-A/F,(红色) JPDA-UKF和(黄色) OS-CFAR。(a) 帕尔玛利亚目标时间和范围关系；(b) 帕尔玛利亚目标时间与方位角关系；(c) 帕尔玛利亚目标时间与距离变化率关系；(d) 圣罗索尔目标时间与范围关系；(e) 圣罗索尔目标时间与方位角关系；(f) 圣罗索尔目标时间与距离变化率关系[103](见彩插)

色）的 ToT 约为 80% ~ 90%（参阅参考文献 [103] 中的详细信息）。对于 OS – CFAR 的 JPDA – UKF 最大改进为 20%，而对于 JPDA – UKF 的 T2T – A/F 约为 15%。超过 80km 的限制，T2T – A/F 几乎完全依靠帕尔玛利亚岛的 JPDA – UKF 输出。性能迅速下降，曲线之间的差异可以忽略不计。

对于圣罗索尔而言，跟踪器和侦测器的目标时间峰值约为 55% ~ 77%。但是，平均而言，OS – CFAR 性能要优于 JPDA – UKF。由于这两个传感器共享相同的设置参数并观察相同的船只，因此可以在船舶路线和传感器位置间的相对几何形状中找到一个可能的原因。据推测，帕尔玛利亚岛相比于圣罗索尔更有可能找到原因。需要重点注意的是在距圣罗索尔的前 10km 范围内，没有 AIS 报告。最后，数据融合策略导致最终的目标时间值达到 79%，JPDA – UKF 的最大改进幅度约为 30%。

5.7.3.2 虚警率分析

对于目标时间，虚警率分析是在距离、方位角和测距率变化的情况下进行的，并在整天中以与目标时间相同的时间间隔求平均值（参阅参考文献 [103] 中的详细信息）。在每个特定时间间隔内，对虚警率值进行归一化，以便它们的加权总和提供该日每个单位时间和面积的总虚警率。虚警率与范围的关系如图 5.12（a）和图 5.12（d）所示。如预期的那样，跟踪算法的应用显著减少了错误的跟踪接触数量，并消除了大部分杂乱产生的返回值（红色（JPDA – UKF）和黄色（OS – CFAR）线），尤其是在远距离时。与跟踪器的输出相比，错误侦测表明沿距离的行为更加统一，而跟踪器的输出往往会在距雷达的前 80km 处累积。

错误接触与方位角的分布如图 5.12（b）和图 5.12（e）所示。在帕尔玛利亚岛，对 JPDA – UKF 和 T2T – A/F 输出的分析没有显著差异，只是小于 –15° 的角度有所增加。这也与图 5.12（b）所示相同。相反，在圣罗索尔，虚警率的增加沿方位角几乎恒定。正如预期的那样，目标时间估计值的增加对应于虚警率的增加，如图 5.12（e）所示。图 5.12（c）和（f）分别显示了帕尔玛利亚岛和圣罗索尔的估计虚警率与距离变化率的关系。海杂波会产生相当数量的虚假接触，而 OS – CFAR 侦测算法（黄线）无法完全滤光掉虚假接触。

5.7.3.3 RMSE 分析

RMSE 用于计算有关目标状态向量的位置和速度分量轨迹长度。结果如图 5.13 所示。

获得的蓝色曲线是对 T2T – A/F 系统的多达 100 个样本（即对应于大约 1h 的长度）所有子轨迹求平均的结果。绿色和红色曲线分别从帕尔玛利亚和圣罗索尔的父轨迹获得。让我们考虑位置估计的 RMSE（图 5.13（a））。对于帕尔玛利亚和圣罗索尔，误差范围为 0.6 ~ 1.0km。不出所料，两个独立系统的

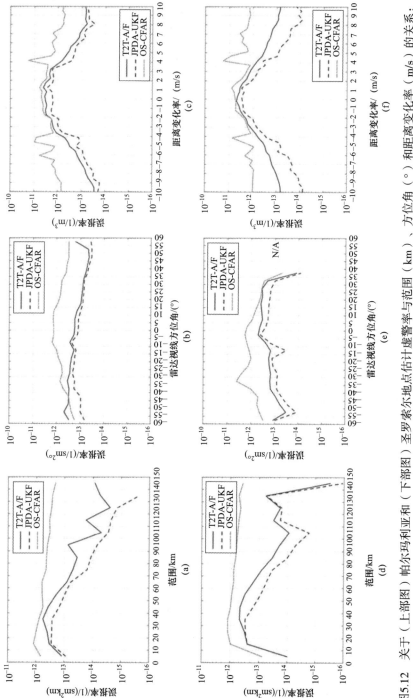

图5.12 关于（上部图）帕尔玛利亚和（下部图）圣罗索尔地点估计虚警率（蓝色）T2T-A/F、（红色）JPDA-UKF和（黄色）OS-CFAR。（a）帕尔玛利亚虚警率与范围（km）、方位角（°）和距离变化率（m/s）的关系；（b）帕尔玛利亚虚警率与方位角的关系；（c）帕尔玛利亚虚警率与距离变化率关系；（d）圣罗索尔虚警率与范围的关系；（e）圣罗索尔虚警率与方位角的关系；（f）圣罗索尔虚警率与距离变化率的关系[103]（见彩插）

错误接近,而 T2T-A/F 系统提供的 RMSE 明显低于两个 JPDA-UKF,大约为平均 200~300 m。速度估计值的 RMSE 如图 5.13(b)所示。在 T2T-A/F 输出和两个跟踪器之间,不仅在平均误差水平(大约 0.5 m/s)方面,而且在瞬时误差方面,也出现了明显的差异,T2T 融合算法几乎消除了这种差异。实际上,当两个传感器之一失去跟踪时,另一个很可能跟随它。

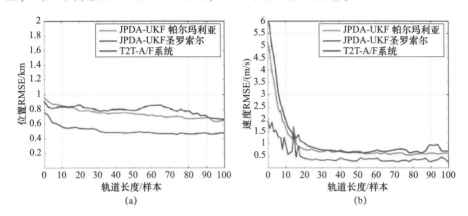

图 5.13 (a)位置和(b)速度状态矢量分量的 RMSE:(绿色)帕尔玛利亚 JPDA-UKF,(红色)圣罗索尔 JPDA-UKF 和(蓝色)T2TA/F。(a)均方根误差(RMSE)和速度;(b)均方根误差(RMSE)[103](见彩插)

5.7.3.4 结论

在实际雷达网络的简短介绍中,将整体系统性能与单传感器性能进行了比较。首先,对 JPDA-UKF 跟踪算法和 OS-CFAR 侦测器进行了比较。就平均目标时间而言,正如预期的那样,侦测器和跟踪器均取得了相似的结果。T2T-A/F 测量证明了在目标时间增加情况下(平均而言帕尔玛利亚约 6% 和圣罗索尔 21%)和 RMSE 降低情况下(位置和速度估算值分别约为 200 m 和 0.5 m/s),单传感器 JPDA-UKF 的有效性。前述结果表明,雷达网络系统可以利用更先进的信号处理技术和方面多样性来提供有关海上图片的附加信息,而无需增加系统设置成本。

5.8 小结

如今,可操作的监视场景不断带来越来越多的挑战,因此绝对有必要利用尽可能多的信息。面对这种日益复杂的场景和密集的电磁环境,为了获得准确而全面的信息,雷达网络应用已绝对有必要。在本章中,已经提出并分析了雷达网络和数据融合策略的特性、特征和主要挑战。

首先,对雷达网络的主要概念、优点和可能的应用进行了概述。其次,讨论了两种主要的雷达网络分类。通过第一种分类，可以区分以下两种情况：单基地网络，仅存在单基地雷达的情况；双基地网络，仅存在一个发射器和所有其他接收器的传感器（因此形成双基地雷达对）以及单基地和双静态（多基地情形）雷达组合。雷达网络的第二种可能分类允许区分集中式处理方法和分散式处理方法。尤其是，考虑了集中式和分散式方法的优缺点，尤其要注意系统性能和两种信号处理方法之间的额外计算复杂度折衷。集中式方法基于中央处理单元的使用，该中央处理单元收集所有原始信息并实现接收信号的相关组合。但是，此方法假定网络传感器节点之间具有完美的同步，并具有高度可靠的通信链接。遗憾的是，这些假设很难实现。其次，在分散式方法中，每个雷达系统在将其自身的数据传输到中央处理单元之前都对其进行预处理，从而减少了要交换的信息量。虽然分散式方法认为是次优的方法，但由于其固有的针对节点故障的鲁棒性，它还是可操作的联网雷达系统中最常用的方法。

在描述了雷达网络相对于单基地雷达系统的优势和更佳的功能之后，在本章中，我们讨论了实现网络雷达系统的主要问题：同步问题和数据融合信息方法。雷达网络节点之间的同步对于保证雷达网络的操作使用以及执行集中式和分散式处理方法至关重要。因此，评估了同步对雷达网络系统性能的影响，并研究了雷达网络同步丢失的主要原因，以便设计出有效的对策来抵消网络节点之间的不同步。

在说明了雷达网络相对于单基地雷达系统的好处和更高的功能之后，在本章中，我们讨论了实现雷达网络的主要问题：同步问题和数据融合方法。雷达网络节点之间的同步对于保证雷达网络的操作使用并允许使用集中式或分散式处理方法至关重要。因此，我们评估了同步对雷达网络性能的影响，并研究了同步丢失的主要原因，以便更好地设计有效的对策。

考虑了针对不同雷达网络架构的数据融合方法的概述，特别强调了集中式和分散式网络范例，以及混合选项。然后提供了最常用数据融合方法的主要特征，并回顾了多目标跟踪问题的最新技术。

最后，描述了最近使用两个可操作的 HFSW 雷达进行海上监视的实验。为了评估雷达网络的性能，提出并激励了一种用于验证侦测和跟踪能力的方法，以及对性能指标的描述。我们采用这些指标（如目标时间和虚警率）评估了融合雷达系统，然后将其与使用单操作雷达获得的指标进行了比较。比较分析表明，雷达网络提供的角度分集允许获得更好的结果（即目标状态矢量估计值的目标时间增大和 RMSE 减小），从而进行跟踪，证明了雷达网络在海上监视框架中的有效性和实用性。

参 考 文 献

[1] C. J. Baker, "An introduction to multistatic radar," NATO-SET 136 Lecture Series Multistaic Surveillance and Reconnaissance: Sensor, Signal and Data Fusion, 2009.

[2] C. Baker and A. Hume, "Netted radar sensing," *IEEE Aerospace and Electronic Systems Magazine*, vol. 18, no. 2, pp. 3–6, 2003.

[3] J. Li and P. Stoica, *MIMO radar signal processing.*, Wiley Online Library, 2009.

[4] H. Griffiths, "Bistatic and multistatic radar," *University College London Dept. Electronic and Electrical Engineering*, 2004.

[5] C. J. Baker and H. Griffiths, "Bistatic and multistatic radar sensors for homeland security," *Advances in Sensing with Security Applications*, pp. 1–22, 2006.

[6] V. Chernyak, *Fundamentals of Multisite Radar Systems*, London: Routledge, 1998. https://doi.org/10.1201/9780203755228.

[7] E. Hanle, "Survey of bistatic and multistatic radar," *Communications, Radar and Signal Processing, IEE Proceedings F*, vol. 133, no. 7, pp. 587–595, 1986.

[8] Papoutsis, C. Baker, and H. Griffiths, "Fundamental performance limitations of radar networks," in *1st EMRS DTC Tech. Conf.*, Edinburgh, UK, 2004.

[9] T. Johnsen, "Time and frequency synchronization in multistatic radar. Consequences to usage of GPS disciplined references with and without GPS signals," in *Radar Conference, 2002. Proceedings of the IEEE*, Long Beach, CA: USA, 2002, pp. 141–147.

[10] C. Yougguang, L. Xicheng, Q. Hua, and J. Xiaojun, "On study of the application of ATM switches in netted-radar systems," in *Aerospace and Electronics Conference, 1997. NAECON 1997, Proceedings of the IEEE 1997 National*, vol. 2, IEEE, Dayton, OH: USA, 1997, pp. 970–974.

[11] V. S. Chernyak, "Multisite radar systems with information fusion: A technology of XXI century." Available at: https://www.researchgate.net/profile/Victor_Chernyak/publication/255664974_Multisite_Radar_Systems_with_Information_Fusion_A_Technology_of_XXI_Century/links/0f3175368846840370000000/Multisite-Radar-Systems-with-Information-Fusion-A-Technology-of-XXI-Century.pdf

[12] H. Griffiths, "Multistatic, mimo and networked radar: the future of radar sensors?" in *Radar Conference (EuRAD), 2010 European*, IEEE, Paris, France, 2010, pp. 81–84.

[13] C. J. Baker, H. Griffiths, and M. Vespe, "Multi-perspective imaging and image interpretation," in *Imaging for Detection and Identification*, Dordrecht, Springer, 2007, pp. 1–28.

[14] M. Swift, J. Riley, S. Lourey, and L. Booth, "An overview of the multistatic sonar program in Australia," in *Signal Processing and Its Applications, 1999. ISSPA'99. Proceedings of the Fifth International Symposium on,*

vol.1, IEEE, Brisbane, Queensland, Australia, 1999, pp. 321–324.

[15] P. Braca, P. Willett, K. D. LePage, S. Marano, and V. Matta, "Bayesian tracking in underwater wireless sensor networks with port-starboard ambiguity." *IEEE Trans. Sign. Process.*, vol. 62, no. 7, pp. 1864–1878, 2014.

[16] G. Ferri, A. Tesei, P. Braca, *et al.*, "Cooperative robotic networks for underwater surveillance: an overview," *IET Radar, Sonar & Navigation*, 2017.

[17] T. A. Seliga and F. J. Coyne, "Multistatic radar as a means of dealing with the detection of multipath false targets by airport surface detection equipment radars," in *Radar Conference, 2003. Proceedings of the 2003 IEEE*, Huntsville, AL: USA 2003, pp. 329–336.

[18] C. Fischer, M. Younis, and W. Wiesbeck, "Multistatic GPR data acquisition and imaging," in *Geoscience and Remote Sensing Symposium, 2002. IGARSS'02. 2002 IEEE International*, vol. 1, IEEE, Toronto, Ontario, Canada, 2002, pp. 328–330.

[19] H. Groll, J. Detlefsen, and U. Siart, "Multi sensor systems at mm-wave range for automotive applications," in *Radar, 2001 CIE International Conference on, Proceedings*, IEEE, Beijing, China, 2001, pp. 150–153.

[20] W. G. Bath, "Tradeoffs in radar networking," *IET Conference Proceedings*, Edinburgh, UK, pp. 26–30(4), January 2002.

[21] H. Griffiths, C. Baker, P. Sammartino, and M. Rangaswamy, "MIMO as distributed radar system," *MIMO Radar Signal Processing*, pp. 319–363, 2008.

[22] P. F. Sammartino, "A comparison of processing approaches for distributed radar sensing," Ph.D. dissertation, UCL (University College London), 2009.

[23] P. Sammartino, C. Baker, and M. Rangaswamy, "Moving target localization with multistatic radar systems," in *Radar Conference, 2008. RADAR'08. IEEE*, Rome, Italy, 2008, pp. 1–6.

[24] Y. Yang and R. S. Blum, "Phase synchronization for coherent mimo radar: algorithms and their analysis," *IEEE Trans. Sign. Process.*, vol. 59, no. 11, pp. 5538–5557, 2011.

[25] S. M. Hurley, M. Tummala, T. Walker, and P. E. Pace, "Impact of synchronization on signal-to-noise ratio in a distributed radar system," in *System of Systems Engineering, 2006 IEEE/SMC International Conference on*, IEEE, Taipei, Taiwan, 2006, pp. 5.

[26] B. Sundararaman, U. Buy, and A. D. Kshemkalyani, "Clock synchronization for wireless sensor networks: a survey," *Ad Hoc Netw.*, vol. 3, no. 3, pp. 281–323, 2005.

[27] Q. Li and D. Rus, "Global clock synchronization in sensor networks," *IEEE Trans. Comp.*, vol. 55, no. 2, pp. 214–226, 2006.

[28] D. L. Hall and J. Llinas, "An introduction to multisensor data fusion," *Proc. IEEE*, vol. 85, no. 1, pp. 6–23, 1997.

[29] D. Hall and J. Llinas, *Multisensor Data Fusion*, Boca Raton, FL, USA: CRC Press, 2001.

[30] E. Blasch, É. Bossé, and D. A. Lambert, *High-Level Information Fusion Management and Systems Design*, Boston, London, Artech House, 2012.

[31] T. Hughes, "Sensor fusion in a military avionics environment," *Measur. Contr.*, vol. 22, no. 7, pp. 203–205, 1989.

[32] T. Neumann, "Multisensor data fusion in the decision process on the bridge of the vessel," *Int. J. Marine Navig. Saf. Sea Transport.*, vol. 2, no. 1, pp. 85–89, 2008.

[33] E. Blasch, "Level 5 (user refinement) issues supporting information fusion management," in *Information Fusion, 2006 9th International Conference on*, IEEE, Florence, Italy, 2006, pp. 1–8.

[34] N. Xiong and P. Svensson, "Multi-sensor management for information fusion: issues and approaches," *Inform. Fus.*, vol. 3, no. 2, pp. 163–186, 2002.

[35] H. Durrant-Whyte, M. Stevens, and E. Nettleton, "Data fusion in decentralised sensing networks," in *4th International Conference on Information Fusion*, Montréal, Quebec, Canada, 2001, pp. 302–307.

[36] C.-Y. Chong, S. Mori, and K.-C. Chang, "Distributed multitarget multisensor tracking," *Multitarg. Multisens. Track. Adv. Appl.*, vol. 1, pp. 247–295, 1990.

[37] P. Greenway and R. H. Deaves, "Sensor management using the decentralized Kalman filter," in *Photonics for Industrial Applications.*, International Society for Optics and Photonics, Boston, MA, USA, 1994, pp. 216–225.

[38] G. W. Ng and K. H. Ng, "Sensor management – what, why and how," *Inform. Fus.*, vol. 1, no. 2, pp. 67–75, 2000.

[39] S. J. Julier and J. K. Uhlmann, "New extension of the Kalman filter to nonlinear systems," in *AeroSense'97.*, International Society for Optics and Photonics, Orlando, FL, USA, 1997, pp. 182–193.

[40] F. Castanedo, "A review of data fusion techniques," *Scient. World J.*, vol. 2013, pp. 1–19, 2013.

[41] H. W. Sorenson, "Least-squares estimation: from Gauss to Kalman," *IEEE Spectr.*, vol. 7, no. 7, pp. 63–68, 1970.

[42] Y. Bar-Shalom, P. K. Willett, and X. Tian, *Tracking and data fusion*, Storrs, CT, USA, YBS Publishing, 2011.

[43] R. P. Mahler, "A unified foundation for data fusion," *SPIE MILESTONE SERIES MS*, vol. 124, pp. 325–345, 1996.

[44] Poore and N. Rijavec, "Partitioning multiple data sets via multidimensional assignments and Lagrangian relaxation. Dimacs series in discrete mathematics and theoretical computer science," *American Mathematical Society, Providence, RI*, 1995.

[45] R. R. Yager, "On the Dempster-Shafer framework and new combination rules," *Inform. Sci.*, vol. 41, no. 2, pp. 93–137, 1987.

[46] K. Sentz and S. Ferson, *Combination of evidence in Dempster-Shafer theory*, Sandia National Laboratories Albuquerque, 2002, vol. 4015.

[47] P. Dempster, "A generalization of Bayesian inference." *Classic Works of the Dempster-Shafer Theory of Belief Functions*, vol. 219, pp. 73–104, 2008.

[48] P. Jackson, *Introduction to expert systems*. Boston, MA, USA: Addison-Wesley Longman Publishing Co., Inc., 1998.

[49] B. Hayes-Roth, "A blackboard architecture for control," *Artif. Intell.*, vol. 26, no. 3, pp. 251–321, 1985.

[50] G. J. Klir and Bo Yuan, *Fuzzy Sets and Fuzzy Logic Theory and Applications*. Vol. 4, Prentice Hall, Upper Saddle River, NJ, USA, p. 574, 1995.

[51] J. K. Uhlmann, "Algorithms for multiple-target tracking," *Am. Scient.*, vol. 80, no. 2, pp. 128–141, 1992.

[52] C. Rasmussen and G. D. Hager, "Probabilistic data association methods for tracking complex visual objects," *IEEE Trans. Pattern Anal. Mach. Intell.*, vol. 23, no. 6, pp. 560–576, 2001.

[53] R. J. Adrian, "Particle-imaging techniques for experimental fluid mechanics," *Ann. Rev. Fluid Mech.*, vol. 23, no. 1, pp. 261–304, 1991.

[54] Genovesio, T. Liedl, V. Emiliani, W. J. Parak, M. Coppey-Moisan, and J.-C. Olivo-Marin, "Multiple particle tracking in 3-d+ t microscopy: method and application to the tracking of endocytosed quantum dots," *IEEE Trans. Image Process.*, vol. 15, no. 5, pp. 1062–1070, 2006.

[55] S. Thrun, W. Burgard, and D. Fox, *Probabilistic Robotics*. Cambridge, MA, USA, MIT Press, 2005.

[56] J. S. Mullane, B.-N. Vo, M. D. Adams, and B.-T. Vo, *Random Finite Sets for Robot Mapping & SLAM: New Concepts in Autonomous Robotic Map Representations*. Berlin, Heidelberg, Springer Science & Business Media, 2011, vol. 72.

[57] K. Witrisal, P. Meissner, E. Leitinger, et al., "High-accuracy localization for assisted living: 5g systems will turn multipath channels from foe to friend," *IEEE Sign. Process. Mag.*, vol. 33, no. 2, pp. 59–70, 2016.

[58] E. Leitinger, F. Meyer, P. Meissner, K. Witrisal, and F. Hlawatsch, "Belief propagation based joint probabilistic data association for multipath-assisted indoor navigation and tracking," in *Localization and GNSS (ICL-GNSS), 2016 International Conference on*. IEEE, Barcelona, Spain, 2016, pp. 1–6.

[59] C. Urmson, J. Anhalt, D. Bagnell, et al., "Autonomous driving in urban environments: Boss and the urban challenge," *J. Field Robot.*, vol. 25, no. 8, pp. 425–466, 2008.

[60] J. Levinson, J. Askeland, J. Becker, et al., "Towards fully autonomous driving: Systems and algorithms," in *Intelligent Vehicles Symposium (IV), 2011 IEEE*. IEEE, Baden-Baden, Germany, 2011, pp. 163–168.

[61] S. Reuter and K. Dietmayer, "Pedestrian tracking using random finite sets," in *Information Fusion (FUSION), 2011 Proceedings of the 14th International Conference on, IEEE*, Chicago, IL, USA, 2011, pp. 1–8.

[62] R. W. Sittler, "An optimal data association problem in surveillance theory," *IEEE Trans. Milit. Electron.*, vol. 8, no. 2, pp. 125–139, 1964.

[63] T. Fortmann, Y. Bar-Shalom, and M. Scheffe, "Sonar tracking of multiple targets using joint probabilistic data association," *IEEE J. Ocean. Eng.*, vol. 8, no. 3, pp. 173–184, 1983.

[64] R. Singer, R. Sea, and K. Housewright, "Derivation and evaluation of improved tracking filter for use in dense multitarget environments," *IEEE Trans. Inf. Theory*, vol. 20, no. 4, pp. 423–432, 1974.

[65] Y. Bar-Shalom and E. Tse, "Tracking in a cluttered environment with probabilistic data association," *Automatica*, vol. 11, no. 5, pp. 451–460, 1975.

[66] Y. Bar-Shalom, "Tracking methods in a multitarget environment," *IEEE Trans. Autom. Control*, vol. 23, no. 4, pp. 618–626, 1978.

[67] D. B. Reid, "An algorithm for tracking multiple targets," *IEEE Trans. Autom. Control*, vol. 24, no. 6, pp. 843–854, 1979.

[68] R. Niu, P. Willett, and Y. Bar-Shalom, "Matrix CRLB scaling due to measurements of uncertain origin," *IEEE Trans. Sign. Process.*, vol. 49, no. 7, pp. 1325–1335, 2001.

[69] Y. Bar-Shalom, "Tracking methods in a multitarget environment," *IEEE Trans. Autom. Contr.*, vol. 23, no. 4, pp. 618–626, 1978.

[70] T. Kirubarajan and Y. Bar-Shalom, "Probabilistic data association techniques for target tracking in clutter," *Proc. IEEE*, vol. 92, no. 3, pp. 536–557, 2004.

[71] S. S. Blackman, "Multiple hypothesis tracking for multiple target tracking," *IEEE Trans. Aerosp. Electron. Syst.*, vol. 19, pp. 5–18, 2004.

[72] E. Mazor, A. Averbuch, Y. Bar-Shalom, and J. Dayan, "Interacting multiple model methods in target tracking: a survey," *IEEE Trans. Aerosp. Electron. Syst.*, vol. 34, no. 1, pp. 103–123, 1998.

[73] T. Kirubarajan, Y. Bar-Shalom, K. R. Pattipati, and I. Kadar, "Ground target tracking with variable structure IMM estimator," *IEEE Trans. Aerosp. Electron. Syst.*, vol. 36, no. 1, pp. 26–46, 2000.

[74] K.-C. Chang and Y. Bar-Shalom, "Joint probabilistic data association for multitarget tracking with possibly unresolved measurements and maneuvers," *IEEE Trans. Autom. Control*, vol. 29, no. 7, pp. 585–594, 1984.

[75] J.W. Koch, "Bayesian approach to extended object and cluster tracking using random matrices," *IEEE Aerosp. Electron. Syst.*, vol. 44, no. 3, pp. 1042–1059, 2008.

[76] G. Pulford, "Taxonomy of multiple target tracking methods," *IEE Proceed.–Rad., Sonar Navig.*, vol. 152, no. 5, pp. 291–304, 2005.

[77] Y. Bar-Shalom and X.-R. Li, "Multitarget-multisensor tracking: principles and techniques," Storrs, CT: University of Connecticut, 1995.

[78] R. P. Mahler, "Multitarget Bayes filtering via first-order multitarget moments," *IEEE Trans. Aerosp. Electron. Syst.*, vol. 39, no. 4, pp. 1152–1178, 2003.

[79] B.-N. Vo, S. Singh, and A. Doucet, "Sequential Monte Carlo methods for multitarget filtering with random finite sets," *IEEE Trans. Aerosp. Electron. Syst.*, vol. 41, no. 4, pp. 1224–1245, 2005.

[80] R. P. Mahler, *Statistical Multisource-Multitarget Information Fusion*, Norwood, MA, USA, Artech House, 2007.

[81] P. Braca, S. Marano, V. Matta, and P. Willett, "Asymptotic efficiency of the PhD in multitarget/multisensor estimation," *IEEE J. Select. Topics Sig. Process.*, vol. 7, no. 3, pp. 553–564, 2013.

[82] B.-T. Vo, B.-N. Vo, and A. Cantoni, "Analytic implementations of the cardinalized probability hypothesis density filter," *IEEE Trans. Sign. Process.*, vol. 55, no. 7, pp. 3553–3567, 2007.

[83] B.-T. Vo, B.-N. Vo, and A. Cantoni, "The cardinality balanced multi-target multi-Bernoulli filter and its implementations," *IEEE Trans. Sign. Process.*, vol. 57, no. 2, pp. 409–423, 2009.

[84] B.-T. Vo and B.-N. Vo, "Labeled random finite sets and multi-object conjugate priors," *IEEE Trans. Sign. Process.*, vol. 61, no. 13, pp. 3460–3475, 2013.

[85] B.-N. Vo, B.-T. Vo, and D. Phung, "Labeled random finite sets and the Bayes multi-target tracking filter," *IEEE Trans. Sign. Process.*, vol. 62, no. 24, pp. 6554–6567, 2014.

[86] O. Cappé, S. J. Godsill, and E. Moulines, "An overview of existing methods and recent advances in sequential Monte Carlo," *Proceed. IEEE*, vol. 95, no. 5, pp. 899–924, 2007.

[87] M. R. Morelande, C. M. Kreucher, and K. Kastella, "A Bayesian approach to multiple target detection and tracking," *IEEE Trans. Sign. Process.*, vol. 55, no. 5, pp. 1589–1604, 2007.

[88] F. R. Kschischang, B. J. Frey, and H.-A. Loeliger, "Factor graphs and the sum-product algorithm," *IEEE Trans. Inf. Theory*, vol. 47, no. 2, pp. 498–519, 2001.

[89] J. S. Yedidia, W. T. Freeman, and Y. Weiss, "Constructing free-energy approximations and generalized belief propagation algorithms," *IEEE Trans. Inf. Theory*, vol. 51, no. 7, pp. 2282–2312, 2005.

[90] P. Horridge and S. Maskell, "Real-time tracking of hundreds of targets with efficient exact JPDAF implementation," in *Information Fusion, 2006 9th International Conference on*, IEEE, Florence, Italy, 2006, pp. 1–8.

[91] Z. Chena, L. Chen, M. Cetin, and A. S. Willsky, "An efficient message passing algorithm for multi-target tracking," in *Information Fusion, 2009. FUSION'09. 12th International Conference on*, IEEE, Seattle, WA, USA, 2009, pp. 826–833.

[92] J. Williams and R. Lau, "Approximate evaluation of marginal association probabilities with belief propagation," *IEEE Tran. Aerosp. Electron. Syst.*, vol. 50, no. 4, pp. 2942–2959, 2014.

[93] J. L. Williams, "Marginal multi-Bernoulli filters: RFs derivation of MHT, JIPDA, and association-based member," *IEEE Trans. Aerosp. Electron. Syst.*, vol. 51, no. 3, pp. 1664–1687, 2015.

[94] F. Meyer, P. Braca, P. Willett, and F. Hlawatsch, "Scalable multitarget tracking using multiple sensors: a belief propagation approach," in *Information Fusion (Fusion), 2015 18th International Conference on*, IEEE, Washington, DC, USA, 2015, pp. 1778–1785.

[95] F. Meyer, P. Braca, P. Willett, and F. Hlawatsch, "Tracking an unknown number of targets using multiple sensors: a belief propagation method," in *Information Fusion (FUSION), 2016 19th International Conference on*, IEEE, Heidelberg, Germany, 2016, pp. 719–726.

[96] F. Meyer, P. Braca, P. Willett, and F. Hlawatsch, "A scalable algorithm for tracking an unknown number of targets using multiple sensors," *arXiv preprint arXiv:1607.07647*, 2016.

[97] P. Braca, S. Maresca, R. Grasso, K. Bryan, and J. Horstmann, "Maritime surveillance with multiple over-the-horizon HFSW radars: an overview of recent experimentation," *IEEE Aerosp. Electron. Syst. Mag.*, vol. 30, no. 12, pp. 4–18, 2015.

[98] K. Granström, A. Natale, P. Braca, G. Ludeno, and F. Serafino, "Gamma Gaussian inverse Wishart probability hypothesis density for extended target tracking using x-band marine radar data," *IEEE Trans. Geosci. Rem. Sens.*, vol. 53, no. 12, pp. 6617–6631, 2015.

[99] R. Goldhahn, P. Braca, K. D. LePage, P. Willett, S. Marano, and V. Matta, "Environmentally sensitive particle filter tracking in multistatic AUV networks with port-starboard ambiguity," in *Acoustics, Speech and Signal Processing (ICASSP), 2014 IEEE International Conference on*, IEEE, Florence, Italy, 2014, pp. 1458–1462.

[100] P. Braca, R. Goldhahn, K. D. LePage, S. Marano, V. Matta, and P. Willett, "Cognitive multistatic AUV networks," in *Information Fusion (FUSION), 2014 17th International Conference on*, IEEE, Salamanca, Spain, 2014, pp. 1–7.

[101] D. Schuhmacher, B.-T. Vo, and B.-N. Vo, "A consistent metric for performance evaluation of multi-object filters," *IEEE Trans. Sign. Process.*, vol. 56, no. 8, pp. 3447–3457, 2008.

[102] K.-W. Gurgel and T. Schlick, "HF radar wave measurements in the presence of ship echoes – problems and solutions," in *Oceans 2005-Europe*, vol. 2.IEEE, 2005, pp. 937–941.

[103] S. Maresca, P. Braca, J. Horstmann, and R. Grasso, "Maritime surveillance using multiple high-frequency surface-wave radars," *IEEE Trans. Geosci. Rem. Sens.*, vol. 52, no. 8, pp. 5056–5071, 2014.

[104] Dzvonkovskaya, K.-W. Gurgel, H. Rohling, and T. Schlick, "Low power high frequency surface wave radar application for ship detection and tracking," in *Radar, 2008 International Conference on, IEEE*, Adelaide, SA, Australia, 2008, pp. 627–632.

第6章

雷达网络中的光子学

塞尔吉奥·品纳 （Sergio Pinna）[①]，萨尔瓦托·马雷斯卡 （Salvatore Maresca）[②]，
弗朗切斯科·拉赫扎 （Francesco Laghezza）[③]，
莱昂纳多·伦博 （Leonardo Lembo）[②④]，保罗·格菲 （Paolo Ghelfi）[⑤]

6.1 组织及要点

在本章中，我们讨论在雷达网络中利用光子技术的优势。

具体而言，我们首先回顾雷达网络的特定要求，重点关注在不同网络节点上对雷达信号请求的相干性。然后，我们讨论使用光子学在分布式雷达网络中通过光纤分布同步信号的潜力。最后，我们集中讨论性能最高的雷达网络架构，即集中式雷达网络，目的是介绍光子学支持的最新实验结果，并分析具有分开天线的雷达网络中多输入多输出（MIMO）处理方法的潜力。

从本文描述的讨论中可以清楚地看到，光子学有望成为进一步提高雷达系统性能的基础学科，因为它可以实现宽雷达网络的实施，以便从观测到的情况中收集更多的信息（得益于几何多样性和利用简单的同步方法进行维护）。

虽然此处描述的光子学解决方案仍处于萌芽状态，但雷达网络架构中下一个量子飞跃似乎已经铺平了道路。

6.2 雷达网络中的相干性和同步

到目前为止，雷达工程的发展主要集中在单基地或双基地雷达配置上，它

[①] 美国加利福尼亚大学圣巴巴拉分校（UCSB）电气和计算机工程系（ECE）。
[②] 意大利圣安娜高等研究学院传播，信息和感知技术研究所（TeCIP）。
[③] 荷兰恩智浦半导体。
[④] 意大利海军，海军研究中心（CSSN），意大利。
[⑤] 意大利国家电信大学（Consorzio Nazionale）国家光子网络与技术国家实验室（PNTLab）。

们仅利用了位于同一地点或广泛分开的发射器和接收器。但是，这些雷达架构并不总是足以应付新兴的挑战性工作场景，其中威胁的数量和种类几乎是无限的[1,2]（第5.2节）。因此，已经引入了多基地雷达（也称为多传感器或多站点雷达）概念[3-6]。

多基地雷达或通常称为[7]的雷达网络采用了数个空间分布的发射和接收"节点"（即天线站点），从而可以从多个角度观察场景。这使得它们特别适合于监视应用，因为它们可以提高角度分辨率，并因此具有分隔紧密间隔的多个目标的能力[4,8,9]。而且，多个视点允许侦测由以多视角雷达散射截面（RCS）为特征的复杂目标（即隐身目标）散射的信号[10,11]。此外，多基地雷达可以通过利用来自多个方向的多普勒估计来处理缓慢移动的目标[12]，并且可以对目标位置的高精度估计[13,14]。

雷达网络可以采用几种不同架构的形式来实现，每种架构都有各自的优缺点。如下所述，光子学有望在最高性能的光电器件开发中得到显著简化，特别是因为它使网络节点具有高度的一致性和直接的同步性。

在本节中我们回顾雷达网络的可能分类，并回顾节点同步方法的特征和问题。

6.2.1 雷达网络的分类

6.2.1.1 非相干与相干雷达网络

大多数现代单基地或双基地雷达都是相干系统，这意味着它们可以相对于其内部高度稳定的本机振荡器生成的参考信号，测量接收信号的相位和频率偏移。因此，接收信号相位或频率的任何相对变化都可以归因于目标特性，主要是其范围和速度[15]。

在雷达网络中，相干性概念必须扩展到整个网络。根据实现方式，我们可以区分非相干雷达网络和相干雷达网络[7]。

在非相干网络中（图6.1（a）），每个雷达节点都充当一个自主系统，独立计算目标参数，如距离和速度。如果由 N 个节点组成雷达网络，则独立节点将提供 N 个对同一场景的不同观测值。然后，由"命令与控制"中心收集这些观察结果，该中心将接收到的数据进行组合，并由于节点的几何布置而对场景进行全面描述，从而可以从不同的角度观察目标。

在非相干网络中，虽然节点是独立的，但它们需要共享空间和时间的常识，以避免在场景描述中引入错误[7]。因此，命令与控制中心需要知道节点的位置，并且所收集的数据需要包括时间标签，该时间标签应参考通用的计时系统。时间同步所需的精度约为压缩雷达脉冲的一小部分（通常低至几纳秒）[1]。这可以通过来自诸如全球定位系统（GPS）的全球导航卫星系统

（GNSS）的定时信号来提供。下面提供了有关时间同步的详细信息。

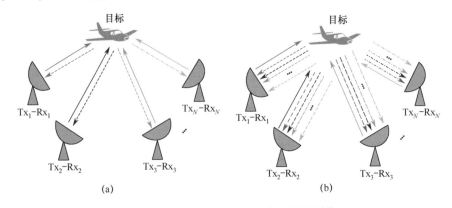

图6.1 （a）非相干和（b）相干雷达网络

由于来自不同节点的数据不一致，因此这种雷达网络中的处理通常很简单，仅限于目标侦测或来自每个节点航迹的融合。此外，由于节点和命令与控制中心共享已处理的数据（例如具有相关位置和速度的侦测或跟踪），因此它们之间的必要通信链接必须保证相当窄的带宽（大约每秒数兆字节）。

5.7节中报告的案例研究是非相干雷达网络的重要示例。

在具有N个发送和接收节点的相干雷达网络中，每个节点都可以接收N个节点中的任何一个所发送信号的回波（图6.1（b））。因此，该监视系统可以提供多达N^2个相同场景的不同观测值，从而保证了针对目标参数波动、背景变化和干扰的更高鲁棒性。（此讨论可以轻松扩展到具有M个发射器和N个接收器，$M \neq N$和$N \times M$个不同观测值的系统。）

为了允许任何接收器侦测到来自任何发射器的信号，所有发射器和接收器必须共享相同的载波频率，并且所有节点之间的相位关系必须已知且恒定。此外，还必须确保精确的公共定时（实际上，相位同步并不意味着雷达脉冲的同步）。因此，同步所需的精度约为载波周期的几分之一（即对于X频段雷达，精度低至数皮秒）[1]。相位同步的更多细节将在下面提供。当然，对于非相干情况，还必须知道网络节点的确切位置。

需要强调的是，在相干雷达网络中，除了上述从几何分集获得的视点数量有所改善之外，还可以对所有观测值进行相干处理，从而提高整体侦测到回声的信噪比（SNR）。假设网络中的所有节点都相同且完全同步，并且目标是各向同性辐射器[1,7]，则雷达网络的一般距离方程可表示为

$$\text{SNR} = \sum_{i=1}^{N}\sum_{j=1}^{N} \frac{P_T G_T G_R \tau \sigma \lambda^2}{(4\pi)^3 kT_0 FR_{T_i}^2 R_{R_j}^2 L} \tag{6.1}$$

式中：P_T为发射功率；G_T和G_R为发射器/接收器天线增益；τ为脉冲长度（假设要发射未调制的脉冲）；σ为目标RCS；λ为载波波长；k为玻尔兹曼常数；

T_0 为系统噪声温度；F 为噪声系数；R_{T_i} 和 R_{R_j} 分别为从发射器 i 到目标，以及从目标到接收器 j 的距离；L 为整个系统的损耗。从该方程式可以看出，在上述假设下，在几何对称的情况下，总侦测回波的 SNR 可以比单个节点侦测到的信号 SNR 大 N^2 倍。雷达网络可确保 SNR 增益高达 N^2。

仅通过合并来自每个节点的原始测量值，即可实现上述强大的相干处理。由于原始信息的大数据速率，这种数据融合计算量很大。此外，网络节点之间的通信链路必须足够宽带，以允许将原始数据作为连续流传输（这取决于信号带宽，并且可以达到高达每秒数十吉的挑战性值，每秒数十兆是常见的数字）。

归纳起来，相干雷达网络的性能比非相干雷达网络要好得多：

（1）因为它们可以允许大量不同的几何观测值（在上面考虑的 N 节点配置中为 N^2 而不是 N）。

（2）对原始数据进行相干处理，从而显著提高融合信号的 SNR（相对于单个节点上侦测到的信号 SNR，SNR 增益高达 N^2）。

另一方面，相干网络需要非常复杂的同步（如下所述），并且对节点之间的通信链路提出了挑战，以允许传输原始数据。

如本章其余部分所述，光纤上基于光子的信号分布可能在推动相干雷达网络的发展中起关键作用。

最后值得注意的是，观察到的场景对其观察的相干性有影响。实际上，雷达网络中的相干性允许延长积分时间，但这只有在观察期间（即相干积分时间［CIT］期间）观察到的情况是静止情况下才有意义。本注释表明，雷达网络对相干性的要求也必须适当考虑到场景的平稳性。

6.2.1.2 分布式与集中式雷达网络

雷达网络的进一步分类可以基于信号生成和处理的位置。因此，雷达网络可以分为集中式和分布式架构[3,4]，如图 6.2 所示。如第 5 章所述，也存在分层/混合架构，但为简单起见，本章将不介绍它们。

在分布式雷达网络中，每个远程节点都会生成、发送、接收和预处理雷达信号（图 6.2（a））。如上所述，由于节点必须至少共享一个公共时序，因此节点之一充当主节点并分配同步时钟。此外，主节点从其他节点接收经过预处理的信号，以进行进一步处理和进行数据融合[6]。

因此，主节点和从节点之间需要通信链路，该通信链路能够分配时钟信号并收集预处理的数据。

在集中式雷达网络中，主节点执行整个信号生成和处理，并充当命令和控制中心。从节点仅操作信号放大，并且在某些情况下，进行信号频率上变频和下变频。

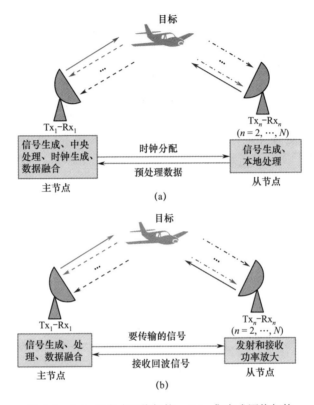

图 6.2 （a）分布式网络架构；（b）集中式网络架构

主节点和从节点间的双向链路必须提供足够的带宽，以传输所传输的信号和所接收的回波，而不会引起明显的失真。

在此类架构中，由于所有信号都是由同一单元生成和处理的，因此信号同步得到了极大的简化，并且网络本质上是一致的。

如上所述，如表 6.1 所列，不同的网络架构对同步和链路带宽提出了不同的要求。在下文中，我们将更详细地分析这些方面。

表 6.1 分布式和集中式雷达网络的同步要求

	分布式	集中式
不相干	需要定时同步	—
相干	时间和相位同步需要，需要宽带链接	保证时间和相位同步

6.2.2 雷达网络中的同步

如果我们考虑单个雷达系统，则雷达组成部分间的同步是要解决的最关键的问题之一，涉及发射器、接收器以及目标。这些组件间的同步效果不佳会影响雷达信号、内部通信和电子设备的生成。这些会对发射器时序、接收器保护时序、模数转换器（ADC）采样时序和脉冲重复频率产生负面影响。

在考虑雷达网络时，除了上述问题外，还需要在网络节点上在时间、频率和相位方面进行充分的同步，以最大程度地提高最终 SNR[16-18]。实际上，由于节点同步误差而导致的错误脉冲组合会降低 SNR，从而使整个雷达网络性能下降。

如上所述，在集中式雷达网络中，定时由主节点及其中央处理器单元决定（见表 6.1）。因此，整个网络本质上是同步的。

在分布式雷达网络中，每个节点都有自己的内部处理器时钟，并且需要同步[19]。

在非相干分布式网络中，同步仅涉及公共时序。

相反，在相干的分布式网络中，同步还要求每个节点有一个公共阶段。存在两种主要的相位同步方法：主从策略和对等策略[20]。在主从模式中，一个节点会标识为主节点，从节点将主本地时钟视为相位参考，将本地时钟同步并锁定到该本地时钟。在对等模式中，每个传感器都可以与网络中的每个其他节点直接通信，从而消除了可能的主节点故障问题，但是实现起来非常复杂[20]。两种方法都需要通过直接链路（如同轴电缆、光纤或无线链路）共享时钟信号，这对于间隔很近的节点可能很容易，或者如果节点较远则在技术上存在挑战[21]。

这两种方法的一些细节可以在 5.4 节中找到。

在讨论光子学在雷达网络中的优势之前，值得简要描述一下基于标准微波技术的分布式雷达网络中的同步问题。

6.2.2.1 时间同步

最简单的网络同步情况是非相干分布式雷达网络中所需的时间同步（见表 6.1）。在这些系统中，需要时间同步以便正确评估雷达脉冲的飞行时间，这直接影响距离测量的精度。

此时间同步的典型精度要求是所传输的压缩脉冲宽度的一部分（通常为 1/10）[1,16,22]，即低至几纳秒，这通常不是挑战。此外，不必向网络节点提供绝对的时间基准，只要脉冲发射时刻的相对同步就足够了，从而可以进一步放宽了时序要求。

如果雷达网络利用稳定的脉冲重复间隔（PRI），则可以通过定期同步每个网络节点上的相同振荡器以校正其缓慢漂移来获得时间同步。如果节点都在视线（LOS）之内，则可以通过专用通信链路将时钟信号从主节点传输到从节点，直接完成此定期时间同步。否则，需要将振荡器间接地从属第二个源，例如 GPS 信号。在后一种情况下，可以在每个节点[23]使用特定 GPS 规范振荡器。这些解决方案允许长时间的时间同步，误差只有几纳秒。

如果雷达系统的脉冲重复间隔被调制（如交错、抖动或随机调制），则时间同步需要是直接的，通过专用通信链路发送时钟信号以同步从节点的振荡器。通信链路通常是直接无线电链路。如果节点间不存在视线，则可以使用专用卫星链路或散射路径[24]，甚至对流层散射[25]。

时间同步对雷达节点中振荡器的稳定性提出了要求。更新所需的时钟稳定性可以定义为 $\Delta\tau/T_u$，其中 τ 为所需的定时精度，T_u 为时钟更新之间的间隔。一方面，更新间隔可以与 PRI 一样短，另一方面，取决于特定的网络实现，更新间隔可以更长。典型值由发射器天线扫描周期给出（例如在旋转天线的情况下）。例如，如果将所需的定时精度 $\Delta\tau$ 指定为 $0.1\mu s$，并且时钟更新间隔 T_u 是 10s 的天线扫描周期，则所需的时钟稳定性为 10^{-8}（10^8 一部分超过10s）[1]。

在上述所有时间同步方案中，实现都是简单的[1]，非常类似于通信系统中的初始同步过程。建立时间同步后，可以正确计算目标范围。

6.2.2.2　相位同步

在相干分布式雷达网络中，除了时间同步外，还需要共享雷达节点处信号的相位信息（表6.1）[16,18]。实际上，相位不稳定性会影响最大 CIT，从而影响系统灵敏度，而对于多基地多普勒或移动目标指示符处理，必须建立节点之间的相位相干性。

虽然文献［22，26-28］中的实验性实施已经证明了分布式雷达系统的可行性，但是时间和相位同步仍然是一个阻碍分布式雷达发展的开放性问题[29-33]。特别是在卫星合成孔径雷达（SAR）系统中对此问题进行了研究[21,29,34-39]。

对于时间同步，节点间的相位同步可以间接或直接实现。

间接同步可以利用卫星信号来实现。通常，GNSS 系统提供的"每秒1脉冲"（1 PPS）参考信号用于同步网络节点上的高精度振荡器。

直接相位同步可以通过陆线或其他通信链路实现。如果网络节点位于视线中，则也可以使用直接无线链接。直接路径锁相的扩展是在相关处理器中使用直接路径信号作为参考信号[40]。

相位同步的需求对振荡器的稳定性提出了重大挑战。实际上，必须在整个 CIT T_{CIT} 期间确保相位稳定性，并且相位稳定性必须低于 $\Delta\varphi/2\pi f T_{CIT}$，其中 $\Delta\varphi$ 为允许的均方根相位误差（以弧度为单位），f 为发射器频率（以 Hz 为单位）[1]。以 S 频段的地面双基地雷达为例，该雷达的中心频率为 3GHz，典型 CIT 为 1s 时最大相位偏差 $\Delta\varphi=4°$（0.07rad），所需的振荡器稳定性为 3.7×10^{-12}（即 10^{11} 在 1s 内约有 2.7 份）。如参考文献[23]中所述，可以通过高性能的温控晶体振荡器（TCXO）来满足这一要求。但是，如果我们改用 Ka 频段的雷达载波，其频率为 30GHz，并且保持 $\Delta\varphi$ 和 T_{CIT} 不变，则我们将获得 3.7×10^{-13} 的所需稳定性，而 TXCO 不再适当。

除了与主时钟相关的相位噪声之外，时钟分配网络还可能引入其他噪声。此种附加的相位噪声可能来自网络传输线中的组指数变化，这是由随机温度变化或机械应力引起的[41]。对于无线链路，噪声来自多径和衰落效应。我们已经研究了数种技术来减少由时钟和信号分配网络引入的相位噪声损害[17,21]。

在下文中，我们将讨论在分布式或集中式相干网络的情况下，如何使用光子技术来管理同步和数据传输。

6.3　同步分布式雷达网络的光子学

正如我们在上一段中所讨论的，分布式雷达网络中的相位同步可以通过有线线路（通常是同轴电缆）或无线链路来实现。但是，同轴电缆笨重、存在损耗且昂贵，并且只能在节点间距很近的雷达网络中使用。另一方面，无线链路的有效性取决于载波频率，例如，在毫米波频率范围（30～300GHz）高频下，无线链路会受到强烈的大气衰减的限制。此外，无线链接需要良好的视线才能有效。

因此，由于非常低的光信号衰减、可用的大带宽和射频抗扰性，光纤网络已成为利用光纤无线电方法[41]成为雷达节点之间信号交换的最可靠手段。

在分布式相干雷达网络中（图 6.2（a）），位于主节点中的主时钟源会生成要共享的时钟信号，作为所有远程节点间的频率和相位锁定的参考。时钟源可以是电的也可以是光的，但是在两种提议的方法中，分配网络都是基于光纤链路[42,43]。光学时钟分配的两种方法也称为[44]：

（1）微波频率转移
（2）光学参考的生成和分配。

第一种方法是基于通过光纤链路传输电生成的时钟信号，而后一种方法则利用了前面几章中介绍的光子技术来进行参考时钟的光学生成和传输。在以下各节中，将讨论每种技术的示意图和相稳定性。

6.3.1　微波频率传输

通过光纤链路共享频率参考的最简单方法如图 6.3 所示。连续波（CW）激光源由时钟参考信号通过电光调制器（EOM）进行幅度调制，并通过光链路传输。在远程节点处，对光进行光侦测，以恢复电传输的时钟以用作本地参考信号。

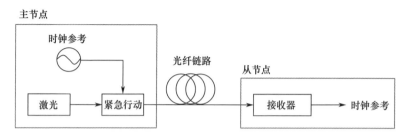

图 6.3 通过光纤链路（EOM，电光调制器）共享频率参考

事实证明，此种简单的方案可以保证低至 10^{-14} 的附加分数相位噪声，平均时间为 100s [42,43]。此种相位噪声的主要来源是由温度变化和振动引起的光纤组速度变化，分别导致长期和短期相位不稳定性。

在高精度应用中[45]，作为高分辨率雷达成像（以及在计量学或引力波实验中），这种过多的相位噪声可能成为限制因素。为了增加光纤链路的相位稳定性，已经开发了稳定的光纤分配系统。

在图 6.4 中，类似于在图 6.3 中提出的方案，用参考信号对光载波进行幅度调制，并通过光纤链路将其发送到远程站点。在接收器侧，反馈信号会发送回主节点（例如通过接收器处的部分反射镜），这样，受组速度变化影响的往返信号可用于主节点。所生成的参考信号与往返延迟副本的比较，允许推导由光纤链路引起的相位误差。然后，导出的误差信号将用于控制群延迟补偿器，例如光纤的热控制线轴或压电拉伸光纤布拉格光栅。使用这项技术[46]，NASA 展示了一条补偿链路，其相位稳定性优于 10^{-13}，对于 16km 长的光纤链路，其集成时间为 1s，而对于 10^4s 的集成时间则稳定性提高到令人印象深刻的 10^{-17}。相似方法[47-49]证明了对于长达 86km 的光纤链路，参考稳定度高达 10^{-15}，集成时间为 10^4s。

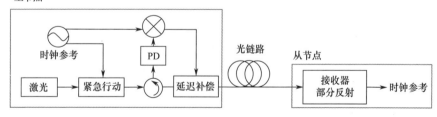

图 6.4 频率参考在光纤链路上共享（EOM，光电调制器；PD，
光电二极管；Delay Comp，延迟补偿器）

6.3.2 光学参考的生成和分配

虽然微波频率传输是一种有效且直接的时钟分配方法，但与电子同类产品

相比，基于光子的微波频率发生器具有更高的相位和频率稳定性[49]（见第3章）。

如第3章所述，采用这种方法时，使用了高度稳定的锁模激光器（MLL）或光电振荡器（OEO）。这些光源的独特之处在于，在对其进行光侦测后，它们便会以与光源模式间隔相等的频率产生高度相位稳定的音调。如图6.5所示，该方法可以与针对微波频率传输技术提出的频率稳定方法结合使用，从而进一步提高了生成的时钟相位稳定性。

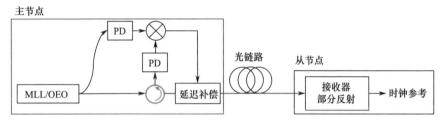

图 6.5 生成频率参考，然后将其分配到光纤链路（MLL，锁模激光器；OEO，光电振荡器；PD，光电二极管；Del. Comp.，延迟补偿器）

除了允许简单的分布式同步外，光子学还可以用于实现集中式雷达网络，在该网络中雷达信号（不仅是时钟信号）在主节点中生成，并通过光纤分配给从节点。下一节将介绍此种最新方法。

6.4 光子学集中式雷达网络：一种试验方法

从以上各节中可以清楚地看出，集中式相干雷达网络是性能最高的网络架构，因为节点间的相干性通过集中式配置得以确保，并且融合过程可以从多个角度使用原始数据，从而可以进行外推从观察到的场景中获取最大信息。另一方面，该架构在去往主节点的信号分配上提出了关键问题，特别是在相位稳定性和传输带宽方面。

如前几章所述，可以有效地利用光子技术来生成、传输和处理微波信号[50,51]，从而确保宽系统带宽、低信号失真和抗电磁干扰能力。

利用这些章节中的许多原理，最近在参考文献[52]中展示了一种全光学超宽带雷达网络。据我们所知，这是光子学集中式相干雷达网络的第一个示例。虽然它只是一个实验室原型，但我们认为值得对其进行更详细的描述。系统架构如图6.6所示。它是一个集中式雷达架构，由一个包含信号生成和处理元素的主节点和两个远程雷达收发器节点（从节点）组成。主节点和远程节点通过双向光纤链路连接。在主节点中，可调谐激光源（TLS）生成连续波信号，该信号由数字信号生成和处理模块（DSP）生成的一系列高斯脉冲进行相位调制,并通过光纤链路分配给远程雷达节点。脉冲短至 80 ps,因此达到 12.5GHz 的超宽带宽。然后,光信号通过 8km 长的单模光纤发送到远程节点。在每个远程节点上,来自主节点的光分为两个分支。在发射分支中,利用光鉴频器将相位调制转换为幅度调制。该装置(基本上是具有随信号波长变化的陡峭传输变化的光学滤波器)实际上利用相位调制给出的瞬时频率变化,将高斯相位脉冲转换为超宽带振幅双峰脉冲。在两个远程节点中,鉴频器具有相反的符号,因此在一个节点中,高斯相位调制脉冲会转换为正双峰,而在另一个节点中,它给出了负双峰,因此在两个节点处生成两个正交波形。在光电侦测器之后,雷达脉冲被宽带射频前端电放大并由超宽带天线发射。在接收器分支中,由主节点接收的光通过 EOM 进行幅度调制,并由接收天线接收回波信号,然后将其发送到主节点进行所需的信号处理。在主节点中,通过使用时分复用技术来区分由两个收发器接收的回波信号。为此,适当的光学延迟(在此种情况下为单模光纤线轴)用于及时分离两个远程节点接收的信号,从而允许在主节点侧共享相同的接收器和光学激光器两个远程收发器之间的信号源。

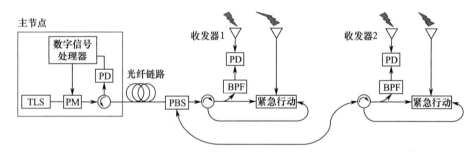

图 6.6　基于 OTDM 的光纤分布式 UWB 雷达示意图(TLS,可调激光源;
PM,相位调制器;PD,光电侦测器;DSP,数字信号生成和处理;
PBS,偏振分束器;BPF,带通滤波器;EOM,电光调制器)

最后,知道了两个远程节点发送和接收脉冲间的时间延迟,就可以使用一种简单的几何方法来估计目标在 XY 平面中的位置。

此光子学雷达网络示例实现了集中式相干雷达网络的范例(表 6.1)。值得强调的是,此处使用光子学使得两个节点传输的信号具有完美的相干性,使用了超宽带雷达脉冲(信号带宽大于 10GHz)和集中式方法,导致虽然实现了简单的处理,但实验性目标位置侦测在范围和跨范围方向上的最大误差均小于 2.5cm。

此示例的正交远程节点数量受到限制,通过双重线生成技术将其限制为 2 个。

同一小组最近提出了一种新颖的方案[53],该方案利用波分复用和不相交的线性频率调制来识别正交发射器。此外,光子学4倍频和去线性调频可用于放宽 DAC 和模数转换器的带宽要求。在对所提方案的实验验证中,研究人员展示了一个 2×2 多输入多输出雷达网络,每个节点的带宽高达4GHz,并利用采样率低至 100 MB/s 的模数转换器,实现了位置分辨率为 3.75cm。

6.5 光子学集中式雷达网络中的多输入多输出处理

考虑到光子学在允许发展集中相干雷达网络方面的优势,在参考文献[54]中,最近已经考虑了在以广泛分离天线为特征的光子学雷达网络场景中,应用特定而强大的多输入多输出处理的可能性。

多输入多输出处理方法从参考文献[13]中显示的工作开始。如下所述,如第5章所建议,该过程旨在通过补偿每个多基地发射器-接收器对的不同传播延迟,计算细间距网格点中的校正后回波信号来优化融合信号的 SNR。

如下面将看到的,如果正确地知道节点分布并且信号是相干的,则该处理能够在范围和跨范围方向上提供高分辨率。此外,在某些假设下,甚至可以实现"超分辨率"(尤其是在跨范围方向),超过了雷达信号带宽确定的标称分辨率。

6.5.1 适用于基于光子学多输入多输出雷达的模拟器

如上所述,在提供与射频链路的信号相干性方面的问题,以及将射频信号分布在同轴电缆上时的强烈衰减,可操作的集中式相干多输入多输出雷达仍然不存在。因此,尚未开发出特别需要的融合算法。

相反,在参考文献[54,55]中,我们考虑了光子学集中相干雷达,并且从侦测和定位性能的角度分析了多输入多输出处理可以为系统带来的益处,而这是在设计中必须考虑的关键因素。

方案模拟器已首先实现。模拟器考虑网络节点在二维平面中的确切位置(发射和接收天线之间进行区分)以及目标的位置。它可以考虑一般建模为 M 个发射器和 N 个接收器配置的任何方案。

在这里,我们考虑图6.7中显示的情况。天线沿90°的圆弧分布,目标放置在圆周中心,与每个天线等距。我们使用 $M = 9$ 发射天线和 $N = 8$ 接收天线,它们沿圆弧等距分布。所考虑的目标是圆弧中心处的理想点散射体,我们假设所有天线都可以看到它。

模拟器生成 M 个发送信号,并计算 $M \times N$ 个接收信号。假设发射信号是正交的,这可以通过在时间、频率或代码中对其进行复用来实现。

让我们考虑第 k 个发射器,它发射信 S_k。第 l 个接收器接收到的信号可以

表示为
$$r_{k,l}(t) = A S_k[t - \tau_{k,l}(x,y)] e^{j[\theta(t-\tau_{k,l})]} + n_{k,l}(t) \qquad (6.2)$$
式中：A 为一个振幅因子（取决于散射体的 RCS、发射信号、目标的距离、天线增益、损耗因子和载波波长）；$\tau_{k,l}$ 为对于放置在由坐标 (x, y) 指示的位置上的目标，信号覆盖了发射器 – 目标 – 接收器路径（取决于目标以及第 k 个发射器和第 l 个接收器的位置）所需的时间；$\theta(t)$ 为考虑相位噪声的项；$n_{k,l}(t)$ 为振幅噪声。

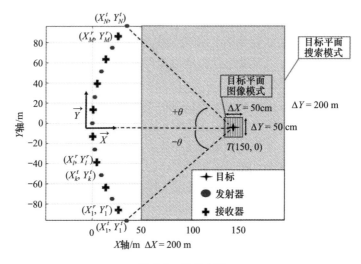

图 6.7　参考方案

对于每个可能的位置 (x, y)，仿真器计算以下对数似然决策统计函数，以考虑多输入多输出方法[13]，可表示为

$$\ln[f(r(t)|(x,y))] = C' \left| \sum_{k=1}^{M} \sum_{l=1}^{N} e^{-j\omega_c \tau_{k,l}} \int r_{k,l}^{b*}(t) s_k^b(t - \tau_{k,l}) dt \right| + C'' \qquad (6.3)$$

式中：$\omega_c = 2\pi f_c$ 和 f_c 为载波频率；C' 和 C'' 为恒定的，不依赖于散射体位置；积分项为基带处接收信号和发送信号之间的相关性（由上标 b 指示）；指数项可以补偿时间延迟 $\tau_{k,l}$，实际上可以相干地总结出来自不同多基地发射 – 接收对的贡献，从而优化了功能的 SNR。该术语假设雷达网络中的信号贡献都是相干的，在我们的假设中，这是由光子方法保证的。

6.5.2　仿真结果：相干多输入多输出处理的潜力

考虑到 10GHz 的载波频率和 1GHz 带宽的脉冲雷达信号，在以下描述中进行了模拟。此外，在考虑了噪声的仿真中，已将幅度噪声建模为加性高斯白噪声，而已获得了相位噪声，该噪声以来自光钟典型相位噪声的频谱形状对白高斯噪声进行加权。

6.5.2.1 改进的分辨率功能

在单个雷达中,虽然距离分辨率 Δr 由发射信号的带宽 B 定义 ($\Delta r = c/2B$,c 为光速),但方位角(或跨距离)分辨率取决于天线辐射方向图宽度和目标距离。

在多基地雷达的情况下,由于系统的分布式几何结构,首先必须针对网络中的所有节点定义相对于公共参考系统的距离和跨距离。在图 6.7 中,我们分别定义了沿雷达网络 x 轴和 y 轴的距离和跨距离尺寸。由于几何上的多样性,在最佳情况下(即从至少两个垂直视点观察到同一目标时),对于距离和跨距离,非相干多基地雷达的最大可实现分辨率等于 $c/2B$。

必须指出的是,就使用大波束孔径的天线而言,雷达网络会受到幻影目标的不利影响。当雷达网络中的所有节点同时照射多个目标时,这些假目标将会出现在总发射器－位置－接收器所标识的所有位置都等于真实目标的位置上。

从多个角度区分多个目标是典型的线性问题。为了正确地区分场景中的多个目标,需要观察的数量超过目标的数量。在带有 $M + N$ 天线的多输入多输出雷达网络的一般情况下,可正确区分目标的最大数量为 $M + N - 1$。为了进行比较,在具有 N 个收发器的非相干雷达网络中,可区分目标的最大数量为 $N - 1$,比多输入多输出情况要少得多。

应用式(6.3)所述的多输入多输出处理,有可能增加雷达网络中可达到的最大分辨率,并达到所谓的超分辨率[13],即分辨率比信号带宽保证的分辨率高。

由于式(6.3)相干处理需要大量的计算工作,因此有效的雷达网络应具有两种工作模式:(1)一种目标侦测的标准"搜索模式",其中不考虑多基地信号的相干性;(2)一种"成像模式",其中考虑了相干性,并且使用式(6.3)的处理来提高分辨率。在图 6.7 的场景中,上述决策统计函数(即"成像模式")是在观察场景中心每侧 50cm 平方面积上,以及在由沿范围和跨范围方向的载波波长的 1/10 分隔的位置网络上。

图 6.8 显示了考虑无噪声信号的"搜索模式"(图 6.8 (a),非相干处理)和"成像模式"(图 6.8 (b),相干处理)的距离/跨范围图。为了计算非相干处理情况,使用了式(6.3)来抑制延迟补偿的指数项。两种算法都能够侦测到三个目标,但是在相干情况下,非相干情况下明显的数个歧义已抑制。

图 6.9 显示了在 3cm 跨距离下考虑两个目标的结果,该距离显著小于信号带宽(在我们的情况下,等于 15cm)给出的标称分辨率。在没有噪声源的情况下,应用相干多输入多输出处理成功识别了两个目标。该结果证明了通常所

说的超分辨率[13]。跨距离分辨率的这一显著提高可以视为等同于稀疏阵列天线中的阵列因子：天线元件的数量（此处为多基地发射器 – 接收器对的数量）越多，天线波束越窄（此处为相干增益越高）。

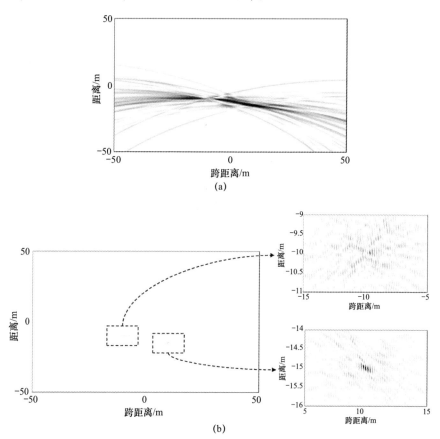

图 6.8 （a）非相干处理和（b）相干处理的距离/跨距离图示例

图 6.9 还显示了两组附加的旁瓣。这些是相干多输入多输出处理所给出的次级峰值，并且可能导致潜在的歧义（虚警）。这些旁瓣的数量和高度严重依赖于雷达网络中的天线数量：多基地天线的数量越少（即空间信息越低），旁瓣越高。

雷达网络收集的空间信息还受到天线的空间分布（例如图 6.7 的圆弧度的孔径）的影响，特别影响距离分辨率。事实证明，增加由不同视点提供的空间信息会减小目标峰波瓣的半峰全宽[54]。在图 6.7 的示例中，考虑到天线在整个圆周上不切实际的分布，将获得的主瓣缩小到 0.44 cm，这也证明了在距离配置中的超分辨率。

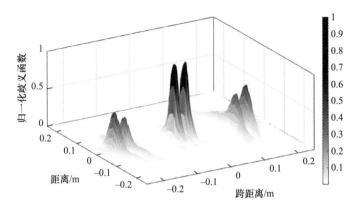

图 6.9 通过相干处理侦测到的距离为 3cm 的两个目标的跨距离轮廓

6.5.2.2 噪声影响

在参考文献[54]中显示的分析表明,幅度噪声对旁瓣相对于主瓣的消光比有影响,从而增加了旁瓣的相对功率。

相反,与幅度噪声相比,相位噪声的影响更加复杂,并且对侦测的影响更大。

考虑到集中式相干雷达网络,所有节点共享相同的相干光子射频发生器,并且式(6.2)中的相位噪声项对于所有 $M \times N$ 个接收信号都是相同的。本章中我们考虑一个复杂的场景,它具有 5 个间隔很近的目标(图 6.10),类似于参考文献[54]中显示的分析。首先,低相位噪声认为具有 10 mrad 的集成相位误差(这是 MLL 的典型特征,MLL 是一种光子学时钟,通常视为实现光子学雷达)。该相位噪声远小于多输入多输出处理所需的最大相位偏差(即 100 mrad)[56]。在此种情况下,光子学多输入多输出雷达架构可以正确侦测观察到场景中的所有 5 个目标(图 6.10(a))。然后,考虑更大的相位噪声,集成相位误差高达 πrad。在此种情况下,这远高于通常认为的 100 mrad 限制,

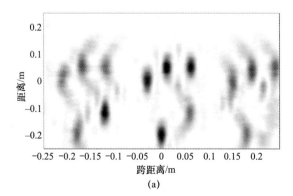

(a)

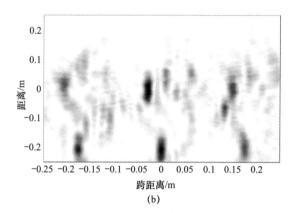

图 6.10　在存在相位噪声的情况下，使用基于 9-Tx/8-Rx 光子学的多输入多输出雷达网络侦测 5 个分布紧密的目标：(a) 10mrad 的集成相位误差；(b) πrad 的集成相位误差

光子学多输入多输出雷达可以清楚地侦测出场景中存在的 5 个目标中的 2 个，而其他 3 个目标与假旁瓣具有可比性（图 6.10（b））。因此，雷达信号上存在相位噪声会导致主瓣幅值减小，并且在强相位噪声的情况下，这甚至可能导致侦测遗漏。

总而言之，对基于相干集中式光子学的多输入多输出雷达进行的仿真分析，证实了多输入多输出侦测的巨大潜力，它能够提高对距离和跨距离高分辨率复杂场景的侦测，并具有良好的抗振幅能力和相位噪声，以及达到超分辨率的附加功能。

6.6　小结

本章描述的讨论表明，光子学将成为相干雷达网络发展的支持技术：
（1）利用光纤，即使节点之间的距离很远，也可以同步网络中的所有节点。
（2）由于巨大的传输带宽，光纤还可以实现集中式网络。
（3）集中式网络可以基于高度稳定的基于光子时钟和信号发生器，以进一步提高网络性能。
（4）同步精度允许实施多输入多输出处理，从而显著提高了对观察到的场景（距离和跨距离分辨率、超分辨率、隐身物体的侦测、慢速移动目标的侦测等）的理解。

本章中显示的最新实验活动为进一步的发展奠定了坚实的技术基础，并明确表明在不久的将来，雷达网络中光子学的潜力将得到越来越多的探索和开发。

此外，当今社会的光纤部署（例如作为本地数据网络或作为城域电信网络）变得越来越普遍，这可以进一步促进基于可操作光子学雷达网络的诞生。

上面所有的发展都说明了相干雷达网络的光明前景，并受到光子学的启发。

参 考 文 献

[1] Willis, N. J. *Bistatic Radar*. 2nd. edn. Raleigh: SciTech Publishing Inc., 2005.

[2] Willis, N. J. and Griffiths, H. *Advances in Bistatic Radar*. Edison: SciTech Publishing Inc., 2007.

[3] Hanle, E. Survey of bistatic and multistatic radar. *IEE Proceedings on Communications, Radar and Signal Processing*, Vol. 133, 7, pp. 587–595, 1986.

[4] Chernyak, V. S. *Fundamentals of Multisite Radar Systems: Multistatic Radars and Multistatic Radar Systems*. 1st edn. London, UK: CRC Press, 1998.

[5] Baker, C. J. *An Introduction to Multistatic Radar*. NATO-SET 136 Lecture Series Multistatic Surveillance and Reconnaissance: Sensor, Signal and Data Fusion, 2009.

[6] Baker, C. J. *Multistatic Radar Processing and Systems*. NATO SET-136 Lecture Series on Multistatic Surveillance and Reconnaissance: Sensor, Signals and Data Fusion, 2009.

[7] Baker, C. J. and Hume, A. L. Netted radar sensing.. *Proceedings of the CIE International Radar Conference*, Beijing, China, pp. 110–114, 2001.

[8] Robey, F. C., Coutts, S., Weikle, D., et al. MIMO radar theory and experimental results. *Proceedings of the 37th ASILOMAR 2004 Conference on Signals, Systems and Computers*, Pacific Grove, CA, USA, pp. 300–304, 2004.

[9] Bekkerman, I. and Tabrikian, J. Target detection and localization using MIMO radars and sonars. *IEEE Transactions on Signal Processing*, Vol. 54, pp. 3873–3883, 2006.

[10] Xu, L., Li, J., and Stoica, P. Adaptive techniques for MIMO radar. *Proceedings of the 14th IEEE Workshop on Sensor Array and Multi-Channel Processing*, Waltham, MA, USA, July 2006.

[11] Fishler, E., Haimovich, A., Blum, R. S., Cimini, L. J., Chizhik, D., and Valenzuela, R. A. Spatial diversity in radars – models and detection performance. *IEEE Transactions on Signal Processing*, Vol. 54, pp. 823–838, 2006.

[12] Lehmann, N., Haimovich, A., and Valenzuela, R., *MIMO* – Radar application to moving target detection in homogeneous clutter. *Proceedings of the 14th IEEE Workshop on Sensor Array and Multi-Channel Processing*, Waltham, MA, USA, July 2006.

[13] Lehmann, N. H., Haimovich, A. M., Blum, R. S., and Cimini, L., High resolution capabilities of MIMO radar. *Proceedings of the 40th ASILOMAR*

[13] *2006 Conference on Signals, Systems and Computers*, Pacific Grove, CA, USA, November 2006.

[14] Godrich, H., Haimovich, A. M., and Blum, R. S. Cramer-Rao bound on target localization estimation in MIMO radar systems. *Proceedings of the 42nd Annual Conference on Information Sciences and Systems (CISS)*, Princeton, NJ, USA, March 2008.

[15] Skolnik, M. I. *Introduction to Radar Systems*. 3rd. edn. New York: McGraw-Hill Book Company, 2008.

[16] Weiss, M. Synchronization of bistatic radar systems. *IEEE 2004 International Geoscience and Remote Sensing Symposium*, Anchorage, Alaska, USA, pp. 1750–1753, 2004.

[17] Yang, Y. and Blum, R. S. Phase synchronization for coherent MIMO radar: algorithms and their analysis. *IEEE Transactions on Signal Processing*, Vol. 59, 11, pp. 5538–5557, 2011.

[18] Hurley, S. M., Tummala, M., Walker, T. O., and Pace, P. E., Impact of synchronization on signal-to-noise ratio in a distributed radar system. *2006 IEEE/SMC International Conference on System of Systems Engineering*, Los Angeles, CA, USA, April 2006. 10.1109/SYSOSE.2006.1652311.

[19] Sundararaman, B., Buy, U., and Kshemkalyani, A. D. Clock synchronization for wireless sensor networks: a survey. *Ad Hoc Networks*, Vol. 3, 3, pp. 281–323, 2005. https://doi.org/10.1016/j.adhoc.2005.01.002.

[20] Li, Q. and Rus, D. Global clock synchronization in sensor networks. *IEEE Transactions on Computers*, Vol. 55, pp. 2, 214–226, 2006,.

[21] Wang, W. Q. and Shao, H. Z. Performance prediction of a synchronization link for distributed aerospace wireless systems. *The Scientific World Journal*, Hindawi, 2013. doi:10.1155/2013/159742.

[22] Goh, A. S., Preiss, M., Stacy, N. J. S., and Gray, D. A., Bistatic SAR experiment with the Ingara imaging radar. *IET Radar, Sonar and Navigation*, Vol. 4, 3, pp. 426–437, 2010.

[23] Weiss, M. *Aspects of Sensor Networks*. 2012. RTO-EN-SET-157.

[24] Soame, T. A. and Gould, D. M. Description of an experimental bistatic radar system. *Proceedings of IEE International Radar Conference*, Vol. 281, pp. 12–16, 1987.

[25] Dunsmore, M. R. B. Bistatic radars for air defense. *Proceedings IEE International Radar Conference*, London, UK, Vol. 281, 1987.

[26] Wendler, M. Results of a bistatic airborne SAR experiment. *Proceedings of the International Radar Conference*, Adelaide, Australia, pp. 247–253, September 2003.

[27] Espeter, T., Walterscheid, I., Klare, J., Brenner, A. R., and Ender, J. H. G., Bistatic forward-looking SAR: results of a spaceborne airborne experiment. *IEEE Geoscience and Remote Sensing Letters*, Vol. 8, 4, pp. 765–768, 2011.

[28] Walterscheid, I., Espeter, T., Brenner, A. R., *et al.* Bistatic SAR experiments with PAMIR and TerraSAR-X-setup, processing, and image results. *IEEE Transactions on Geoscience and Remote Sensing*, Vol. 48, 8, pp. 3268–3279, 2010.

[29] Auterman, J. L. Phase stability requirements for a bistatic SAR. *Proceedings of the IEEE National Radar Conference*, Atlanta, USA, pp. 48–52, 1984.
[30] Weiss, M. Time and phase synchronization aspects for bistatic SAR systems. *Proceedings of the European Synthetic Aperture Radar Conference*, Ulm, Germany, pp. 395–398, 2004.
[31] Wang, W. Q. *Multi-Antenna Synthetic Aperture Radar*. London, UK: CRC Press, 2013.
[32] Choi, B. J., Liang, H., Shen, X., and Zhuang, W., DCS: distributed asynchronous clock synchronization in delay tolerant networks. *IEEE Transactions on Parallel and Distributed Systems*, Vol. 23, 3, pp. 491–504, 2012.
[33] Leng, M. and Wu, Y. C. Distributed clock synchronization for wireless sensor networks using belief propagation. *IEEE Transactions on Signal Processing*, Vol. 59, 11, pp. 5404–5414, 2011.
[34] Krieger, G., and Younis, M., Impact of oscillator noise in bistatic and multistatic SAR. *Proceedings of the IEEE International Geoscience and Remote Sensing Symposium*, Seoul, South Korea, pp. 1043–1046, July 2005.
[35] Ubolkosold, P., Knedlik, S., and Loffeld, O. Estimation of oscillator's phase offset, frequency offset and rate of change for bistatic interferometric SAR. *Proceedings of the European Synthetic Aperture Radar Conference*, Dresden, Germany, pp. 1–4, 2006.
[36] Zhang, X., Li, H., and Wang, J. The analysis of time synchronization error in bistatic SAR system. *Proceedings of the IEEE International Geoscience and Remote Sensing Symposium*, Seoul, South Korea, pp. 4619–4622, July 2005.
[37] Wang, W.Q., Ding, C. B., and Liang, X. D. Time and phase synchronisation via direct-path signal for bistatic synthetic aperture radar systems. *IET Radar, Sonar and Navigation*, Vol. 2, 1, pp. 1–11, 2006.
[38] Eineder, M. Ocillator clock drift compensation in bistatic interferometric SAR. *Proceedings of the IEEE International Geoscience and Remote Sensing Symposium*, Toulouse, France, pp. 1449–1451, July 2003.
[39] Younis, M., Metzig, R., and Krieger, G. Performance prediction of a phase synchronization link for bistatic SAR. *IEEE Geoscience and Remote Sensing Letters*, Vol. 3, 3, pp. 429–433, 2006.
[40] Retzer, G. A concept for signal processing in bistatic radar. *IEEE International Radar Conference*, Arlington, VA, USA, pp. 288–293, 1980.
[41] Kanno, A. and Yamamoto, N. Radio over fiber network technology for millimeter-wave distributed radar systems. *Proceedings of SPIE 10559, Broadband Access Communication Technologies XII*, San Francisco, CA, USA, 29 January 2018. 10.1117/12.2287731.
[42] Masaki, A. Time and frequency transfer and dissemination methods using optical fiber network. *Proceedings of the 2005 IEEE International Frequency Control Symposium and Exposition*, Vancouver, BC, Canada.
[43] Predehl, K., Grosche, G., Raupach, S. M. F., *et al.* A 920-kilometer optical fiber link for frequency metrology at the 19th decimal place. *Science*, Vol. 27, pp. 441–444, 2012.
[44] Foreman, S. M., Holman, K. W., Hudson, D. D., Jones, D. J., and Yed, J., Remote transfer of ultrastable frequency references via fiber networks.

Review of Scientific Instruments, Vol. 78, 2, 021101, 2007.

[45] Krisher, T. P., Maleki, L., Lutes, G. F., et al. Test of the isotropy of the one-way speed of light using hydrogen-maser frequency standards. *Physical Review*, Vol. D 42, 2, 1990.

[46] Shillue, B. *ALMA LO Distribution Round Trip Phase Correction*. 2002. ALMA Memo# 443, 731.

[47] Narbonneau, F., Lours, M., Bize, S., Clairon, A., and Santarelli, G., High resolution frequency standard dissemination via optical fiber metropolitan network.. *Review of Scientific Instruments*, Vol. 77, 6, 064701, 2006.

[48] Daussy, C., Lopez, O., Amy-Klein, A., et al. Long-distance frequency dissemination with a resolution of 10–17. *Physical Review Letters*, Vol. 94, 20, 2005.

[49] Celano, T. P., Stein, S. R., Gifford, G. A., Mesander, B. A., and Ramsey, B. J., Sub-picosecond active timing control over fiber optic cable. *Proceedings of the 2002 IEEE International Frequency Control Symposium and PDA Exhibition Institute of Electrical and Electronics Engineers*, Piscataway, NJ, USA, pp. 510–516, 2002. 10.1109/FREQ.2002.1075937.

[50] Yao, J. Microwave photonics. *IEEE Journal of Lightwave Technology*, Vol. 27, 22, pp. 314–335, 2009.

[51] Capmany, J. and Novak, D. Microwave photonics combines two worlds. *Nature Photonics*, Vol. 1, 6, pp. 319–330, 2007.

[52] Fu, J. and Pan, S. A fiber-distributed bistatic ultra-wideband radar based on optical time division multiplexing. *IEEE 2015 International Topical Meeting on Microwave Photonics*, Paphos, Cyprus, 2015.

[53] Zhang, F., Gao, B., and Pan, S Photonics-based MIMO radar with high-resolution and fast detection capability. *Optics Express*, Vol. 26, 13, pp. 17529–17540, 2018.

[54] Lembo, L., Ghelfi, P., and Bogoni, A. Analysis of a coherent distribute MIMO photonics-based radar network. *Proceedings of the European Radar Conference (EuRAD)*, Madrid, Spain (accepted).

[55] Bogoni, A., Lembo, L., Serafino, G., Ghelfi, P., and Scotti, F., Microwave photonics in radar. *Proceedings of the IEEE Photonics Conference (IPC)*, Reston, VA, USA (accepted).

[56] Pasya, I. and Kobayashi, T. Detection performance of M-sequence-based MIMO radar systems considering phase jitter effects. *Proceedings of the 2013 IEEE International Symposium on Phased Array Systems and Technology*, Waltham, MA, USA, 2013. 10.1109/ARRAY.2013.6731861.

第7章

电子战系统中的光子学

丹尼尔·奥诺里 （Daniel Onori）[①],
保罗·格菲 （Paolo Ghelfi）[②]

7.1 组织及要点

第2章介绍了电子战（EW）系统的各项要求、基于标准电子技术的当前解决方案及其局限性。

在本章中我们分析光子学可以在该领域中实现的功能。实际上，本章讨论迄今为止为电子战提出的数种光子学解决方案。特别是这些解决方案专注于以下应用：微波光子链路（MPL）、瞬时测频（IFM）系统、信道化接收器和扫描接收器。对于扫描接收器，我们还描述了在海军情况下进行的现场试验。

此处值得强调的是，到目前为止，提出的大多数光子学解决方案仍处于研究结果的水平。实际上，为了使光子学成为射频（RF）系统的重要竞争者，与数字电子学相比，它需要证明性能上的飞跃或全新的功能。从下面的示例中可以看出，一些光子学解决方案已接近这一点。因此，读者可以在下面找到我们希望很快在实际应用领域中看到的情形。

7.2 电子战系统中的光子潜力

在过去的10年中，电子战领域的科学家已经开始探索在防御系统中使用微波光子学来解决常规电子学无法解决的特定问题。

在对2.2节中描述的电子战不同任务进行描述之后，提出实现以下几种功能的光子学[1]。在本章的其余部分，我们将重点关注那些引起大家最大兴趣的内容。

---

① 魁北克国立科学研究所（INRS）的能源与通信技术学院。
② 意大利国家电信大学（Consorzio Nazionale）国家光子网络与技术国家实验室（PNTLab）。

7.2.1 电子保护

为了避免由于敌对干扰或无意干扰（例如强大的民用无线信号）而导致电子战接收器饱和，已提出使用基于柔性光子学的射频滤波器[2]。这些滤波器可以很容易地调谐以滤除强大的低优先级信号，以便采集系统可以分辨出通常弱的高优先级（即危险）信号（截获概率低）。

7.2.2 电子支援

在此类别下，我们可以列出所有光子学解决方案，以改善密集电磁环境中对射频信号的侦测。这些包括实现基于光子可调谐下变频的宽带接收器的实现（作为信道化接收器或扫描接收器，见 7.5 和 7.6 节）或使用光子辅助的模数转换器（ADC）对较宽频谱部分进行数字化处理（见 3.4 节）；利用光子学的测向仪或频率测量系统；具有扩展动态范围的微波光子链路（也称为光纤射频传输（RoF）系统，见 3.5 节），以允许对天线进行远程处理；基于光子学启用的实时延迟的宽带波束成形系统（见 3.7 节）。

7.2.3 电子攻击

为了欺骗和击败敌对雷达，已经提出了使用光子学来实现有效干扰的方案[3]。这是通过侦测敌对射频信号并通过宽带实时延迟改变其频率后重发它们来实现的。这样敌对雷达将误解目标的速度，从而失去对目标的跟踪。光子学提供给干扰器带来的另一个功能是可以同时发送和接收信号[4]。实际上，干扰器在发射器和接收器之间需要很高的隔离度，以避免信号振铃。标准干扰器没有此种隔离，需要进行斩波。遗憾的是，敌对雷达很容易识别出斩波。据报道，光子学允许全双工运行，从而提高了电子附件（EA）系统的安全性。

在下文中，我们将描述针对电子战应用提出的主要光子学解决方案。可以看出，最有针对性的任务是电子支援，据报道也进行了现场试验。

7.3 微波光子链路

微波光子链路动机和基本原理已在 3.5 节中从一般角度进行了介绍。本节中我们将详细地介绍电子战领域中微波光子链路的使用。

在一些国防应用中，我们特别希望从其基站上拆除天线，因为这样可以灵活地将两个子系统放置在负担或功耗方面更低的位置。此外，将基站与天线分开，还可以集中处理分布在平台周围（如飞机）的数个天线收集的信息，这样有助于对可能的威胁进行分类[5]。由于优质同轴电缆在 18GHz 时的衰减通常大于 1dB/m，很明显，在标准射频系统中，天线与其基站之间的距离必须在几米之内,否则系统的链路预算将变得难以承受。

另一方面,通信部门推动的光纤技术进步迅速为国防系统提供了可行且价格合理的解决方案,用于在光纤上传输宽带射频信号:该系统通常称为微波光子链路或光纤射频传输系统。实际上,光纤通常具有低至 0.2dB/km 的衰减,因此对于几十公里以内的距离,传播损耗可以忽略不计。此外,光纤传输不受电磁干扰。最后,光纤(即使是最坚固的光纤)比同轴电缆在很大程度上具有更大的柔韧性、更狭窄和更轻巧,从而使光纤射频传输系统在安装方面具有极大的灵活性。

7.3.1 基于强度调制和直接侦测的微波光子链路

图 7.1 显示了最常见的光纤射频传输系统方案。它基于强度调制和直接侦测(IM-DD)的范例。考虑到信号从基站到天线的传输,宽带射频信号通过在正交偏置的马赫曾德尔调制器(MZM)中调制光载波在光域中转换。然后,光信号通过光纤传输到射频基站,在那里光电二极管(PD)将信号移回到射频域。由于光通信市场上提供的组件,覆盖射频频率范围从小于 2GHz 到最高大于 40GHz 的光纤射频传输系统可以在市场上买到。表 7.1 描述了主要系统组件的典型特性以及相关光纤射频传输性能。

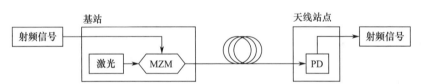

图 7.1 适用于对天线和射频基站进行远程处理的通用光纤射频传输系统方案

表 7.1 光纤射频传输组件的典型参数和光纤射频传输链路的性能[5]

组件参数		链路射频性能	
激光功率	20dBm	链接增益	-16dB
激光相对强度噪声	-160dBc/Hz	噪声系数	32dB
调制器 Vp	5V	三阶截点	23dBm
调制器插入损耗	4dB	SFDR	110dB Hz$^{2/3}$
光电二极管响应度	0.8A/W	P1dB	14dBm
链路光损	2dB	压缩动态范围	155dB/Hz

光纤射频传输系统的性能限制主要由噪声和失真给出。噪声限制了可以侦测到的最小微波信号电平,而失真(即缺乏线性)限制了可以传输的最大微波信号功率。因此,无杂散动态范围(SFDR),即最小信号和最大信号之间的

差异，是关键品质指标之一[6]。

虽然表 7.1 中描述的性能足以满足多种电子战应用（作为电子支援措施和电子情报），但在某些更苛刻的情况下（对于雷达预警接收器），SFDR 典型值可能还不够。

为了将微波光子链路的应用扩展到最苛刻的应用程序，人们很少研究了技术解决方案，下面将对此进行详细介绍。这些技术旨在优化 IM-DD 方法的性能（通过对射频信号进行预失真以补偿链路的非线性响应，或者通过使用差分方案来消除非线性），或者旨在实现利用阶段的完全不同的方案调制和相干侦测。在描述这些高性能技术之前，这里值得一提的是基于激光直接调制的微波光子链路，如图 7.2 所示。在这种方法中，利用激光二极管的线性电流/强度特性，通过直接调制激光器本身的驱动电流，将射频信号加载到激光器强度上。然后，光电二极管可以轻松侦测强度调制，从而恢复原始的射频信号。显然，由于避免使用外部调制器，因此该方案具有节省成本的优点。此外，它还节省了在光载波上传输调制所需的射频功率。实际上，虽然马赫曾德尔调制器具有典型的 $V\pi$（即从最小传输到最大传输所需的 MZM 的射频端口上的电压变化），其峰峰值约为几伏特，但激光电流可以仅需数个毫安即可驱动。

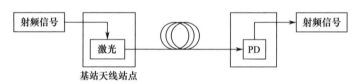

图 7.2　基于激光直接调制的微波光子链路方案

遗憾的是，直接调制微波光子链路也显示出明显的缺点。首先，激光驱动电流的可用调制带宽（BW）通常限制在数吉赫。我们已经开发了一些特定的激光器，专门用于数字通信领域中的快速直接调制应用，因此它们显示出接近 20GHz 的带宽，但是它们的调制消光比（ER）也很有限，仅适用于开关键控信号分布。然后，激光器驱动电流的直接调制在其有源区域中引起折射率的调制，这转化为直接调制激光器的频率线性调频。如果发出的光信号传播到较长的光纤跨度中，则线性调频将转换为由光纤色散引起的传播时间波动。最后，接收到的射频信号会遭受额外的时序抖动，这可能会变得有害。因此，直接调制方案的性能要低于外部调制方案，并且其使用仅限于低成本和低性能的应用。

7.3.2　通过预失真进行微波光子链路线性化

基于 IM-DD 的微波光子链路中 SFDR 受限的主要原因之一是马赫曾德尔调制器的非线性响应。实际上，该组件遵循以正交点（最大线性度的点）为中心的正弦曲线特性,将射频信号的时间相关行为转换为激光功率的时间相关调制。如果输入射频信号较小,则传输将会采用线性;但是,如果射频信号幅度变大,则正弦曲线特性将发挥作用,并且可以看到更高的谐波(尤其是三次谐波)。

马赫曾德尔调制器的非线性特性可以通过在其输入射频端口添加预失真器来补偿(图7.3),从而微波光子链路上的最终传递函数将具有更高的线性度。通常可以实现最高20dB的三阶失真降低[6]。

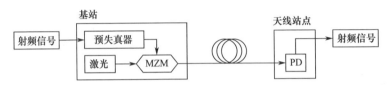

图7.3 带有预失真器以增加线性度的微波光子链路方案

参考文献[7]中描述了预失真的一个相关示例:它在6~12GHz频带内工作,从而使SFDR增大6dB,输出功率增大9dB。参考文献[7]中的分析还考虑了所有微波光子链路分量对预失真器给出的线性化的影响。事实证明,线性化的益处取决于几个参数,如激光相对强度噪声(RIN)、MZM的$V\pi$、EDFA的存在以及预失真器的增益。有趣的是,如果链路在光电二极管处具有强大的光功率,则线性化预失真器的存在甚至可能有害。实际上,在此种情况下,非线性系统仅受散粒噪声的限制,但是线性系统可能会在输入端添加明显的放大热噪声。

7.3.3 差分传输和侦测

增加动态范围的另一种方法是从低信号水平的噪声中"清除"信号。在这些信号条件下,主要限制来自激光器的RIN。

为了抑制RIN,可以利用差分调制和侦测。实际上,任何MZM都可能具有两个输出端口,因为其结构由1×2分离器和2×2耦合器组成。这两个端口是互易的,也就是说,输出处的光信号会带相反符号的射频调制信号。换句话说,两个端口输出处的调制边带为异相180°。大多数MZM实现为仅连接一个输出端口,但是也可以轻松生产双输出MZM。使用双端口MZM,可以将射频信号同时加载到两个输出光信号上,并沿着两条并行光纤传输到接收器。接收器可以方便地由两个处于平衡配置的光电二极管组成,因此可以减去其输出端的电流。因此,常见的噪声(特别是RIN)完全抵消了[8],但射频信号却相加了。显然,平衡侦测还可以增加恢复的射频信号的幅度,进一步有助于提高SNR[9]。

该解决方案的优点是以具有两个长度匹配的光纤来传输信号和两个处于平

衡配置的光电二极管（而不是一个）为代价的。

7.3.4 其他扩展 IM – DD PML 线性度的方法

已经提出了数种其他方法来扩展微波光子链路的动态范围，这需要借助复杂的设置或昂贵的组件。一种可能的方法是通过使用高功率激光器[10]或光放大[11]来增加链路增益。其他方法旨在通过抑制光载波或在低传输点偏置 MZM 提高信号平均功率比[12]，当使用光放大时显示出有趣的结果。我们可以在文献[10]中找到传统微波光子链路性能极限的典型概述。

但是，对于某些应用，通过这些方法实现的动态范围仍然不够大。基于双微波光子链路架构和快速切换，在文献[13]中提出了一种显著改善动态范围的方法。两个光链路以不同的灵敏度实现，并且快速开关将信号发送到最正确的链路，该信号由侦测输入射频功率的快速电路驱动。此种复杂且有用的方法实现了标称的"合成"动态范围 100dB。实际上，它"仅"可以在两个范围的任何一个上交替工作，每个范围的动态范围均为 50dB。

7.3.5 基于相位调制和相干侦测的微波光子链路

为了将射频信号传输到光载波上，可以方便地使用相位调制[14,15]。实际上，与具有固有非线性传递功能的马赫曾德尔调制器不同，相位调制器是线性的。这应该确保非常大的 SFDR。问题出在必须侦测光信号以恢复原始射频信号时。实际上，不可能仅通过侦测光电二极管中的光信号来恢复光信号，因为这将仅返回光功率的包络线，这在相位调制的情况下是恒定的。取而代之的是需要相位解调器，其可以通过相干接收器来实现。

图 7.4 描述了基于相位调制和相干侦测的微波光子链路方案。该方案考虑了与光载波处于相同波长的第二个激光器，它们用作光本机振荡器（LO）。本机振荡器与光信号耦合到一个 90°混合耦合器（HC），该耦合器在其输出端提供信号和本机振荡器的 4 种组合，相移为 0°、90°、180°和 270°。输出端通过 2 比 2 连接到两个平衡光电二极管（BPD），它们最终返回原始射频信号的同相（I）和正交（Q）分量。然后，通过两个模数转换器对 I/Q 信号进行采样，然后通过计算数字信号 $S = I + jQ$，对射频信号进行数字恢复。

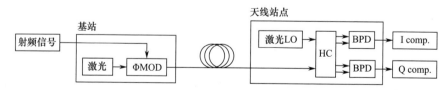

图 7.4 基于激光相位调制和相干侦测的微波光子链路方案

从该描述可以清楚地看出，该微波光子链路输出信号不是原始的射频信号，而是其数字化版本。因此，仅当接收器不再需要模拟射频信号时，才可以应用基于相位调制和相干侦测的微波光子链路方法。

在这种微波光子链路方法中，本机振荡器必须与光载波完全一致。这可以通过使用完全相同的激光器来实现，但是如果微波光子链路的输入和输出广泛分开（通常是这种情况），则很难实现此解决方案。利用最多的方法是通过注入锁定或通过光学PLL将本机振荡器锁定到光学载波[16,17]。

需要强调的是，使用光学本机振荡器可以极大地提高微波光子链路效率，因为它可以在平衡光电二极管上提供高功率，并因此恢复强I/Q信号而没有传输和组件损耗。

正如预期的那样，显示的结果表明，相对于 IM-DD 系统，三阶失真将显著降低，并且 SFDR 将会显著提高，可以超过 150dB $Hz^{2/3}$ [17]。

如上所述，上面的描述考虑了与光载波处于相同波长的本机振荡器，从而实现了对基带的下变频。因此，最大信号带宽受到模数转换器可接受带宽的限制。只要本机振荡器具有与光载波的正确失谐功能，就可以轻松扩展该方案以实现相干下变频器。在参考文献[15]中，这是通过调制从光载波产生偏移的本机振荡器来实现的，并且相干光链路测试最大达到40GHz。

7.3.6 用于测向的微波光子链路

作为天线远程处理的附带应用，还提出了微波光子链路来简化测向系统的实现[5]。实际上，测向通常是通过较长基线和远程天线来实现的，通过分析天线之间记录的相移来侦测信号的到达方向。

如上所述，很明显相对于通过同轴电缆的标准射频传输，将微波光子链路用于此应用可降低尺寸、重量和功耗。

7.4 瞬时测频系统

在电子战应用中，利用专用的接收器对雷达信号环境进行特定的分析是可行的，利用每种类型接收器的优势来优化态势感知并减少整个接收器的处理负荷。例如，未知接收信号频率测量是一项任务，可以由专门的瞬时测频接收器更有效地执行，然后再让另一个专门接收器进一步处理。

瞬时测频接收器的典型要求包括较高的运行带宽（至少2～18GHz）、高分辨率和近实时响应。然而，微波接收器通常在非常窄的频带中工作。因此，由于较高的带宽、近实时测量、大的测量范围、低损耗和小尺寸等优点，光子辅助的瞬时测频接收器已视为是有前途的解决方案[18-21]。

实现瞬时测频接收器最直接的技术是信道化方法。在参考文献[18]中，将接收到的射频信号在激光器上进行调制，然后将调制后的频谱分解并应用于滤波器组（如光栅阵列），并且光电二极管阵列会侦测与滤波器组的每个滤波窗口相关的功率。在引用的工作中展示的系统，能够以简单的光学拓扑将 2～18GHz 范围内的信号解析为 2GHz 频带，同时保持较高的拦截概率。值得强调的是，使用此种接收器会丢失诸如精确的频率和相位信息之类的射频信号细节。然而，这些细节旨在从其他信号处理模块获得。

在参考文献[19]中，通过考虑使用激光梳子代替单个光源，并添加一个自由光谱范围与梳子间距稍有不同的校准器，改进了通道化方法，从而可以实现一种干涉分析，显著提高频率估算的精度。

最近，由于报告的性能，似乎很少有方案特别适合于 IFM 系统。

在参考文献[20]中，所使用的技术通过频率-功率映射来测量微波信号的频率，从而可以通过测量光功率来简单地估计微波频率。具体而言，所引用的工作提出了一种简单的微波光子系统，该系统由具有互补频率响应的两抽头光子微波滤波器对组成。滤波器之一是低通滤波器（LPF），另一个是带通滤波器，它们都通过使用偏振调制器和两部分偏振保持光纤获得。由于光子微波滤波器对的频率响应的互补性质，可以获得幅度比较函数（即滤波器对的两个传递函数之间的比率），在较大射频频段范围内出现准线性且单调递减。然后，可以通过简单地测量来自光子微波滤波器对两个输出的微波功率来完成微波频率的测量。已经证明了微波频率测量范围高达 36GHz，测量精度优于 ±200MHz。

参考文献[21]中提出的解决方案利用了信道化接收器的概念，该概念与时频映射相关，通过对时频变换信号进行傅里叶分析，可以更精确地测量瞬时频率。在实践中，光学超短脉冲首先分散在高度色散的元件（如色散补偿光纤的线轴）中。分散脉冲变成一个长脉冲，其频谱分量按时间从最低到最高的时间分布（反之亦然，取决于分散的符号）。然后，通过接收到的微波信号对分散的脉冲进行调制，将不同的时刻编码为不同的光波长。随后是一个通道器，它将频谱的不同部分发送到以阵列形式组织的不同低带宽的光电二极管和 A/D 转换器。测量通道输出处的功率，并构成被测微波信号的采样版本。最后，使用数字处理器分析收集的数据，并通过傅里叶变换分析实时获取时间信号的频谱分布。在引用的工作中，根据脉冲的持续时间（3ns），测量分辨率估计为 300MHz，频率测量误差约为 30MHz。这种方法显示了允许同时测量信号的不同频率分量的主要优势。

7.5 扫描接收器

从上一段中可以看出，到目前为止提出的信道化接收器虽然可能很简单，但是却无法精确确定未知射频信号的频率。相反，使用扫描接收器可以实现更好的性能。

图 7.5 描述了扫描接收器的基本方案。该原理基于可调谐和窄带滤波器，该滤波器扫描携带射频频谱的激光器的调制边带，从而可以将光电二极管侦测到的光功率与滤波器的位置关联，即与分析的射频频率关联。

图 7.5　基于可调窄带滤波器的扫描接收器方案

早在 1999 年参考文献［22］中就提出了此种方法，其中已经展示了带宽 40GHz 的扫描接收器。该系统使用了压电扫描光纤法布里-珀罗校准器的时间特性，在整个扫描范围内的射频分辨率均为 90MHz。由于滤波器及其调谐机制，扫描时间为 15ms，因此截获的可能性很小。然而，该方案证明了此种方法的潜力：扫描范围极广、后处理电子设备的低带宽以及与光纤天线远程处理的兼容性。另一方面，除了速度慢之外，它还具有有限的灵敏度和 SFDR，并且对激光器和滤波器中的频率漂移具有敏感度。

最近[23]可调谐窄带滤波器已实现为用内部电极的微结构光纤编写的光纤布拉格光栅（FBG），其扫描时间缩短至数百微秒。滤波器的扫频是通过用短电脉冲加热光纤的内部电极来实现的，该短电脉冲将光栅的布拉格波长转换为更长的波长。在电流脉冲之后，光纤冷却回到初始温度。

所使用的滤波器显示了一个峰值，其带宽为 54MHz，在 2GHz 处的峰值抑制率为 33dB。虽然当前脉冲非常快地移动了滤光片的波长，但是光纤布拉格光栅的冷却将脉冲发生器的重复频率限制为 200Hz。

上面报告的扫描接收器示例显示出一些约束其实际使用的限制：扫描速度通常非常慢（数百赫的数量级），分辨率限制为可调滤波器的带宽（数十兆赫），并且它们不能解决信号的时间行为。在接下来的段落中，我们将描述克服了所有限制的最新提议的扫描接收器方法，该方法显示了精确的频率测量分辨率和高动态范围，并具有分析射频信号时间行为和快速扫描时间潜力的能力。

7.6　光子学相干扫描接收器

在电子战应用中，理想的接收器应该是宽带软件定义的接收器，能够用高级数字信号处理（DSP）技术取代所有硬件功能[24]。虽然软件定义的接收器概念和期望在不断发展，但数字电子技术并没有如此迅速地发展，并且电子接收器的当前实用解决方案仍然可以通过通道化实施来实现。在信道化接收器中，射频频谱由多个外差接收器同时侦测，从而将频谱的相邻部分下变频为固定的中频（IF）。然后，一组模数转换器同时获取所有频谱部分，从而提供电磁环境的完整图像。虽然这种方法达到了高性能，但它的特点是尺寸大、重量轻、功耗低（SWaP），并且在滤波器组设计上需要付出巨大的努力。

信道化接收器的一个有趣替代解决方案是通过单个可调外差接收器和单个模数转换器扫描频谱，从而降低 SWaP 并提高敏捷性。遗憾的是，当前本机振荡器和镜像抑制滤波器的调谐能力非常有限，损害了扫描接收器的适用性[25]。另一方面，直接转换接收器避免使用镜像抑制滤波器，而是利用低通滤波器，从而降低了外差架构的复杂性[26]。虽然如此，混频器仍会引起闪烁噪声和二阶互调失真（IMD2），并且它们间的端口间隔离度有限（本机振荡器至射频泄漏和射频至中频馈通），导致有害的直流偏移和杂散基带的信号。具体而言，直流偏移是一个特别严重的缺陷，因为它会使混频器[27]后高增益放大级饱和。我们已经引入了数种方法来将直流偏移值减小到数毫伏的数量级，例如使用次谐波混频器[26]、有源 AC 耦合[28]、反馈调整环[27]等，这些方法通常会消除直接转换接收架构的直接性。此外，本机振荡器的可调性问题仍然存在。

如上文和第 3 章所述，光子技术最近在微波应用中展示出非常有用的功能，包括电子战应用，例如超宽带宽、可调滤波[29]、基于光子的微波混合与极高的端口间隔离[30]，以及对电磁干扰的固有抗扰性。因此，在射频接收器中提出了光子技术，以在宽频带上实现滤波和下变频任务[31]。在参考文献[32，33]中，我们提出了一种光子学直接转换接收器，它以离散的步长扫描射频频谱，从而不受本机振荡器自混频和射频至基带馈通的影响。

图 7.6 描述了原理方案。所提出的架构将侦测到的射频频谱传输到光域，并利用光学本机振荡器将侦测到频谱的可选部分转换回基带，以进行数字侦测和分析。改变转换后的射频频谱和光

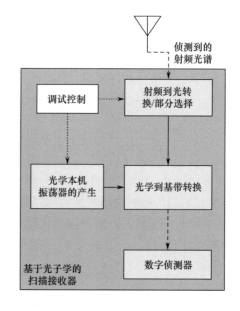

图 7.6　基于光子的相干扫描接收器工作原理

学本机振荡器之间的失谐，可以使用单个数字侦测器逐步扫描整个射频频谱。因此，该方案实现了相干扫描接收器，从而避免了可调谐滤光器或高频射频本机振荡器的需要，并允许快速扫描侦测到的频谱。显然，为了保持射频输入信号的完整性，必须在光域的射频频谱和本机振荡器之间进行锁相，否则它们之间的相位噪声会严重破坏侦测到的信号[34]。

图7.7详细地显示了该方案。从射频到光的转换是通过在马赫曾德尔调制器中使用侦测到的射频频谱，调制可调谐主激光器（ML）来实现的。主激光器是在1550 nm左右的通信频带中光频率为 v_{ML} 的分布式反馈激光器（DFB）（图7.7中的插图（i））。设置马赫曾德尔调制器以实现带载波抑制的双边带调制（插图（ii））。所获得的光谱在I/Q解调器中与频率为 n_{SL} 的从激光器

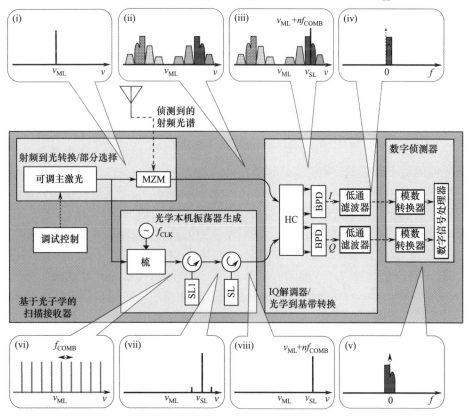

图7.7 基于光子的相干扫描接收器的方案。实线表示光连接，而虚线表示射频或基带连接。虚线用于控制。为了清楚起见，该方案未显示提升主激光器的掺铒光纤放大器，也未显示模数转换器之前的电放大器。插图（i）-（viii）沿方案绘制了光和电信号。光学频率表示为 n，而射频/基带频率表示为 f。在第 n 个调谐步骤中，从激光器锁定为第 n 个梳状模式，主激光器和从激光器之间的失谐为 $n \cdot fCLK$，基于光子的扫描接收器下变频以将侦测到的射频频谱的一部分在频率 $n \cdot fCLK$ 处基带化

(SL)耦合，充当光学本机振荡器（插图（iii））。I/Q 解调器由一个 90°光学 HC 和两个平衡光电二极管组成。由于在调制边带和从激光器间平衡光电二极管上的跳动，I/Q 解调器实现了以从激光器波长为中心的调制边带的 I 和 Q 分量的光基带转换。HC 将调制的主激光器信号与本机振荡器的四个正交状态（可以表示为 ML + SL、ML-SL、ML + jSL、ML-jSL）结合在一起，以便平衡光电二极管可以生成与下变频射频频谱的 I 和 Q 分量成比例的电信号。然后，两个低通滤波器获取高达 500MHz 的 I 和 Q 分量的基带部分（插图（iv））。最后，两个模数转换器以 2GSp/s 的速度对滤波后的分量进行数字化处理，然后 DSP 计算出 1GHz-BW 的复数包络线（插图（v））。对整个侦测到的射频频谱的扫描是逐步调整主激光器进行的，同时将从激光器保持在固定波长。在主激光器的每个调谐步骤中，调制边带都相对于从激光器偏移，并且侦测到的射频频谱的不同部分都会下变频为基带。因此，该方案实现了所谓的可调谐直接转换接收器。

7.6.1　光子学相干扫描接收器的架构

如上所述，在主激光器和从激光器之间需要锁相。提出的锁相技术利用了主激光器产生的激光梳，并将梳注入从激光器中，从而从激光器将其频率和相位锁定在与谐振频率对齐的梳线上。因此，从激光器也锁定到主激光器。在主激光器的每个调整步骤中，都要移动梳以将下一个梳模式与从激光器对齐，然后将其注入并锁定。主激光器和从激光器之间的失谐定义了要下变频和分析的射频频谱部分。梳状波由主激光器通过级联的强度和相位调制器[31]产生，该级联由 f_{CLK} =3GHz 的时钟音驱动。然后将获得的具有 3GHz 间隔的梳通过在附加的 MZM 中进行调制来进行致密化，该 MZM 由以 f_{COMB} = 1GHz 的音（将 3GHz 时钟进行分频得出）驱动。结果是相互之间在 1GHz 处的光线梳（插图（vi））。主激光器以 1GHz 的步幅进行调谐，以使其中一条梳状线以从激光器的谐振频率下降。光学梳通过光学环行器以光频率 v_{SL} 注入第一分布式反馈激光器（SL1）。除了将从激光器 1 的相位锁定为主激光器的相位之外，注入还抑制了其他梳状线，从而导致频率为 v_{SL} 梳状线的选择和放大（插图（vii））。为了进一步增加梳状线的选择，即从激光器的光谱纯度，从激光器 1 注入了第二个从激光器，因此也锁相到主激光器，并在 I/Q 解调器上充当光本机振荡器（插图（viii））。

7.6.2　特征和优点

图 7.8 显示了接收器样机的图片，覆盖了 500MHz～40GHz 的输入频率范围。图片中的方框包含所有光子组件，包括相关的控件和电源，而模数转换器和数字信号处理器放在外面。

第 7 章 电子战系统中的光子学 167

图 7.8 光子学扫描接收器图片

图 7.9 显示了注入锁定操作的性能。黑色迹线描述了激光梳的光谱，而蓝色迹线显示了每个调谐位置注入的从激光器，这是利用主激光器后电频谱分析仪（分辨率为 20MHz 带宽）侦测到的。黑色轨迹显示了光梳的上半部分，0MHz 失谐处的线是主激光器。插图显示了本机振荡器在 18GHz（BW 为 300 kHz）下的电频谱的缩放轨迹。梳子上有 40 条以上的线成功稳定地锁定了从激光器，从而允许将整个射频频谱通过 1GHz 宽度的连续信道从 0.5 向下变频 40.5GHz。已经为从激光器测量了大约 200MHz 的锁定范围，从而放宽了主激光器调整时所需的精度。此外，梳状线将从激光器稳定地锁定在约 20dB 的注入光功率范围内，并且输出功率变化最小（小于 1dB）。

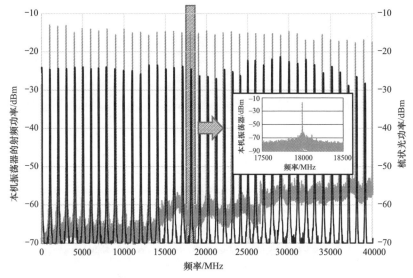

图 7.9 注入锁定操作的效果。黑色迹线：激光梳的光谱。蓝色迹线：对于每个调谐位置，光电二极管中注入的从激光器和可调主激光器之间跳动的电频谱。插图：18GHz 本机振荡器的电频谱缩放轨迹（见彩插）

图 7.10 显示了使用光子学接收器扫描射频频谱（此处限制在 0.5 ~ 18.5GHz 之间）的示例[35]。4 个实验室级射频发生器发出的信号用于模拟电磁场景，该场景中挤满了用于监视和通信的典型信号。接收器扫描射频频谱，并合并来自每个调谐步骤的下变频输出，重构侦测到的信号。该图显示了通过快速傅里叶变换（FFT）计算出的信号的功率谱密度。可以根据平均功率清楚地侦测到这 4 个信号。通过频谱图分析其时变性质，计算连续短采集周期的快速傅里叶变换。图 7.10 中的插图描述了考虑到电子支援量度（ESM）接收器的典型快速傅里叶变换长度而获得的频谱图，这些长度仅等于 256 个样本（相当于 128ns）[36]。我们可以认识到 2.82GHz 的信号是线性频率调频为 100MHz 且平均功率为 -34dBm（插图（i））的脉冲，5.15GHz 的信号是带宽为 20MHz 的信号（实际上是 Wi – Fi 信号（802.11.n）和 -27dBm 的平均功率（插图（ii）），在 9.30GHz 处的信号是脉冲信号，具有非常短数毫秒的脉冲（插图（iii））和 -18dBm 的平均功率，而 16.9GHz 处的信号是连续波（CW）音，平均功率为 -3dBm（插图（iv））。在主激光器的每个调整步骤中，已在 500ms 内获取了输入频谱，对应于使用的 A/D 转换器的最大存储深度。根据 ESM 系统的要求，图 7.10 中的重构频谱还显示出一些其他杂散音，它们相对于最高输入信号均被抑制超过 40dB，这确认了架构的良好灵敏度和动态范围。15.9GHz 和 17.9GHz 的音调是由于两个相邻通道上 16.9GHz 的强连续波信号引起的串扰，而 1GHz 倍数的音调是由 A/D 转换器放大级的直流偏移引起的，并且可能是电子补偿，进一步提高了接收器性能。

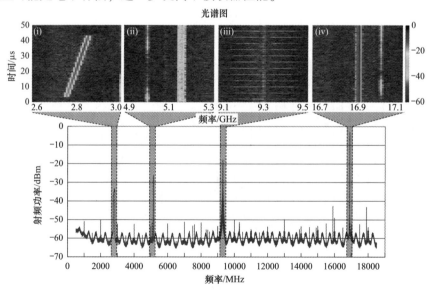

图 7.10　使用基于光子学扫描接收器进行全光谱扫描的示例。插图（i）~（iv）描述了与 4 个侦测到的信号有关的相应频谱图

光子学相干扫描接收器（表7.2）的完整实验室表征已证明与先进的信道化接收器[35]相当的性能，虽然其处于演示阶段，但归功于支持可调整直接转换的基于光子学架构的有效性。

表7.2 与最先进的信道化接收器相比，光子学扫描接收器的性能

参数	光子学扫描接收器演示器	信道化接收器最新技术
输入射频频率范围	0.5GHz ÷ >40GHz	0.5GHz ÷ 18GHz
输入射频频率范围[a]	−80dBm ÷ 0dBm	−80dBm ÷ 0dBm
射频瞬时 3dB 带宽	1GHz	1GHz
射频瞬时动态范围[b]	>40dB	>40dB
输入三阶截取点（IIP3）	28dBm	>25dBm
输入二阶截取点（IIP2）	57dBm	大于 35dBm
建立和调整时间[c]	可以 <100ns	<100ns
噪声系数（NF）[d]	<10dB	10dB
尺寸[e]	6U，厚度 <100mm	6U，厚度 <3535mm，每通道

[a] 输入功率范围从确保输出 SNR >8dB（考虑到40MHz分辨率带宽和前置放大器级）的输入射频功率扩展到1dB压缩点。

[b] 瞬时动态范围定义为输入射频信号功率与接收系统产生的最强杂散音之比，而忽略了谐波和互调产物。

[c] 基于光子的扫描接收器的建立和调谐时间已经非常短达到数毫秒，只有一个相位控制部分的主激光器可以避免热波动并将其推至小于100ns。

[d] 考虑到前置放大器阶段（增益为30dB，噪声系数为4dB），达到了描述的噪声系数。如果没有前置放大器，光子学扫描接收器的噪声系数小于40dB。

[e] 使用光子集成可以进一步减小基于光子的扫描接收器的尺寸。对于6通道版本，预计将使用厚度仅为几厘米的单个6U模块

测得的瞬时动态范围（大于40dB）足够高，可以保证接收器在 ESM 应用中的正确行为（第2章中的要求），而射频动态器（通常也用于当前电子支援措施接收器中）可以使用完整的动态范围为80dB。此外，由于马赫曾德尔调制器的奇数频率响应，二阶互调失真特别低（57dBm处的IIP2）。最后，与基于电子的直接转换接收器不同，所利用的光子下变频不受射频至基带馈通的影响，并且测得的剩余直流低于50mV。

通过控制主激光器的驱动电流来调谐射频扫描器，从而迅速改变其腔的折射率。此种调谐方法可能非常快，因为它涉及到由于载流子变化而引起的等离子体效应，表明响应时间低于1ns。遗憾的是，由于激光结上电流吸收的变化，它还会引起热瞬变，从而减慢激光响应。由于热瞬态，在当前实现中，我们获得了约10ms的通道选择时间。无论如何，很少有解决方案可以满足 ESM 射频扫描仪的快速切换时间要求。例如，使用的是一种避免热瞬变的主激光器，如

分布式布拉格反射器激光器（包含增益、相位和光栅部分），它使用量子限制的 Stark 效应来实现快速调谐响应而在吸收电流上无变化。已经展示了类似的激光器，其调谐时间小于 1ns [37]。

目前，开发的扫描接收器实现为台式机顶盒（还包括电源和控件，图 7.1），并且虽然仅使用商用分立组件，但已经设计为单个 6U Eurocard，显著减少了 ESM 信道化接收器大小。正在考虑通过光子集成技术实现的系统将保证更小的尺寸和重量，从而允许在最苛刻的应用中使用电子支援措施接收器。此外，所提出的架构允许轻松地将天线从接收器上拆下，通过光纤将马赫曾德尔调制器移动到天线位置，相对于所提出的解决方案而言，附加重量和损耗可以忽略不计，并且相对于现有的信道化接收器而言，它还具有另一个强大的优势，可以放置在天线现场或使用笨重的射频波导。

7.7 案例研究：海军战术场景中的现场试验

在真实情况下，威胁雷达使用复杂的低拦截概率波形（如超宽带信号和跳频）来混淆电子支援措施接收器，以使它们不会干扰威胁。因此，我们组织了一场现场试验，以在相关的户外环境中测试接收器。现场试验已在利沃诺的意大利海军电信与电子研究所（CSN – ITE）的支持与海军实验中心进行。试验使用了由多个脉冲组成的典型操作信号，这些脉冲在调制、中心频率、脉冲宽度（PW）和脉冲重复间隔（PRI）上具有灵活性[35]。

图 7.11 显示了现场试验区域的卫星视图。该传输系统已使用模拟的威胁场景生成器实现，并且已安装在配备了 30dBi 增益宽带抛物面天线的移动实验

图 7.11　意大利里窝那 CSSN-ITE 的现场试验现场：（a）流动实验室的发射系统；（b）接收器场地（圆圈表示演示器）；（c）接收号角天线

室（插图（a）①）中。光子学相干扫描接收器已设置为相距 250m（插图（b）①），使用放置在建筑物屋顶上的 10dBi 增益号角天线（插图（c）①）收集信号，并使用 30dB 增益宽带放大器对其进行放大。

图 7.12 描述了通过两种典型场景获得的频谱图。在图 7.12（a）中，接收到中心频率在 8.91～9.08GHz 间变化且峰值功率为 -10dBm 的脉冲信号。脉冲的宽度为 0.8μs，脉冲重复间隔为 8.6μs，以 6 个脉冲的突发（每个频率 3 个）组织，脉冲周期为 103μs。高脉冲功率允许以 41dB 的 ER 识别图像信号。

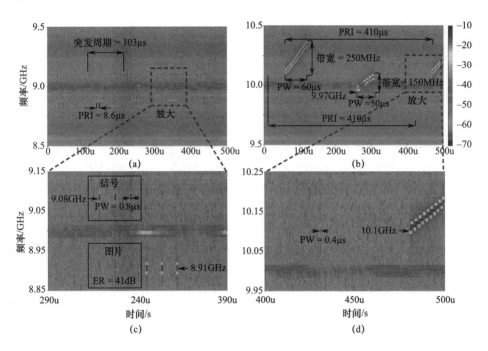

图 7.12 （a，b）CSSN-ITE 的现场试验期间获得的频谱图，模拟了典型的 ESM 场景；（c，d）采集的相应详细缩放

另一方面，图 7.12（b）描述了一个 10.1GHz 的低占空比脉冲信号，该信号与两个 9.97GHz 和 10.1GHz 频率的线性调频脉冲相加。第一个线性调频的脉冲宽度为 60μs，脉冲重复间隔为 410μs，初始频率为 10.1GHz，线性调频带宽为 250MHz。第二个线性调频的脉冲宽度为 50μs，初始频率为 9.97GHz，带宽为 150MHz。由于只有一个脉冲进入了 500μs 的观察窗，因此无法测量脉冲重复间隔。低占空比脉冲在 10.1GHz 时的脉冲宽度为 0.4μs，脉冲重复间隔为 410μs。针对常见的雷达威胁，已将生成的波形按时间按比例缩小，以匹配利

---

① 原文误，译者改。

用模数转换器的最大采集窗口。频谱图的详细缩放分别如图 7.12（c）和（d）所示。从图中可以清楚地识别接收到的信号，并可以验证其参数（PW、PRI、中心频率等）。在第一种情况下，接收器演示器正确地侦测到脉冲信号，该脉冲信号在 6 个脉冲串中每 3 个脉冲发生一次跳频。强脉冲显示 -10dBm 的峰值功率，可以识别抑制 41dB 的图像信号，从而确认了先前实验室在动态范围方面的特性。在第二种情况下，可以清楚地识别出两个线性调频脉冲序列。低占空比脉冲序列也清晰可见。因此，现场试验已经证实了在相关的室外情况下接收器在高线性度和灵敏度方面的性能。

7.8 小结

在本章中，我们描述了光子学在电子战系统中的数种应用。根据描述的结果，将方案与天线远程控制相结合的可能性以及光子学对电磁干扰的鲁棒性，证实了光子学方法对下一个 ESM 应用（特别是相干扫描接收器）的适用性。虽然如此，对于高要求的电子战应用而言，重要的是大幅减少系统的尺寸、重量和功耗（SWaP）。光子集成技术和 3D 混合封装的迅速成熟表明也有可能达到这一额外要求。在此必须注意的是，设计、实现和全面开发这些光子集成电子束系统的时间和成本需要产生直接的工业利益且需要投资。实际上，工业界非常感兴趣正在关注该领域中光子技术的发展。虽然他们仍未完全发挥带头作用，但越来越多的具有极具竞争力结果的示范活动，正在推动行业进入并加快发展进程，也为民用领域的新应用开辟了道路。

参 考 文 献

[1] K. Davis, J. Gray, and A. Stark, "Photonics components and subsystems for electronic warfare," *Avionics and Vehicle Fiber-Optics and Photonics Conference*, AVFOP, San Diego, CA, USA, 2013.

[2] J. Capmany, B. Ortega, and D. Pastor, "A tutorial on microwave photonic filters," *IEEE J. Lightw. Technol.*, vol. 24, no. 1, pp. 201–229, 2006.

[3] A.J. Stark, K. Davis, C. Ward, and J. Gray, "Photonics for electronic warfare," *Avionics and Vehicle Fiber-Optics and Photonics Conference*, AVFOP, Atlanta, GA, USA, 2014.

[4] C.H. Cox, and E.I. Ackerman, "Photonics for simultaneous transmit and receive," *Microwave Symposium Digest (MTT), 2011 IEEE MTT-S International*, no., pp.1, 4, 5–10 June 2011.

[5] M.E. Manka, "Microwave photonics for electronic warfare applications," International Topical Meeting on Microwave Photonics, MWP, 2008.

[6] T.E. Darcie and J. Zhang, "High-performance Microwave-photonic links," *Radio and Wireless Symposium*, RWS, 2008.

[7] V. Urick, M. Rogge, P. Knapp, L. Swingen, and F. Bucholtz, "Wide-band predistortion linearization for externally modulated long-haul analog fiber-optic links," *IEEE Trans. Microw. Theory Tech.*, vol. 54, no. 4, pp. 1458–1463, 2006.

[8] T. Darcie and P. Driessen, "Class-AB techniques for high-dynamic-range microwave-photonic links," *IEEE Photon. Technol. Lett.*, vol. 18, no. 8, pp. 929–931, 2006.

[9] S. Mathai, F. Cappelluti, T. Jung, et al., "Experimental demonstration of a balanced electroabsorption modulated microwave photonic link," *IEEE Trans. Microw. Theory Techn.*, vol. 49, no. 10, pp. 1956–1961, 2001.

[10] C. Cox, III, E. Ackerman, G. Betts, and J. Prince, "Limits on the performance of rf-over-fiber links and their impact on device design," *IEEE Trans. Microw. Theory Tech.*, vol. 54, no. 2, pp. 906–920, 2006.

[11] V. Urick, M. Rogge, F. Bucholtz, and K. Williams, "The performance of analog photonic links employing highly compressed erbium-doped fiber amplifiers," *IEEE Trans. Microw. Theory Tech.*, vol. 54, no. 7, pp. 3141–3145, 2006.

[12] C. Lim, M. Attygalle, A. Nirmalathas, D. Novak, and R. Waterhouse, "Analysis of optical carrier-to-sideband ratio for improving transmission performance in fiber-radio links," *IEEE Trans. Microw. Theory Tech.*, vol. 54, no. 5, pp. 2181–2187, 2006.

[13] M. Attygalle, K. Gupta, and T. Priest, "Broadband extended dynamic range analog signal transmission through switched dual photonic link architecture," *IEEE Phot. J.*, vol. 3, no. 1, pp. 100–111, 2011.

[14] R. Kalman, J. Fan, and L. Kazovsky, "Dynamic range of coherent analog fiber-optic links," *J. Lightw. Technol.*, vol. 12, no. 7, pp. 1263–1276, 1994.

[15] T.R. Clark, S.R. O'Connor, and M.L. Dennis, "A phase-modulation I/Q-demodulation microwave-to-digital photonic link," *IEEE Trans. Microw. Theory Techn.*, vol. 58, no. 11, pp. 3039–3058, 2010.

[16] A. Ramaswamy, L. Johansson, J. Klamkin, et al., "Integrated coherent receivers for high-linearity microwave photonic links," *J. Lightw. Technol.*, vol. 26, no. 1, pp. 209–216, 2008.

[17] Y. Li, W. Jemison, P. Herczfeld, and A. Rosen, "Coherent, phase modulated (PM) fiber-optic link design," *2006 IEEE MTT-S International Microwave Symposium Digest*, San Francisco, CA, USA, 2006.

[18] D.B. Hunter, L.G. Edvell, and M.A. Englund, "Wideband microwave photonic channelised receiver," International Topical Meting Microwave Photonics, 2005.

[19] Z. Li, X. Zhang, H. Chi, S. Zheng, X. Jin, and J. Yao, "A reconfigurable microwave photonic channelized receiver based on dense wavelength division multiplexing using an optical comb," *Optics Comm.*, no. 285, pp. 2311–2315, 2012.

[20] S. Pan and J. Yao, "Instantaneous microwave frequency measurement using a photonic microwave filter pair," *IEEE Photon. Technol. Lett.*, vol. 22, no. 19, pp. 1437–1439, 2010.

[21] C. Wang and J. Yao, "Ultrahigh-resolution photonic-assisted microwave frequency identification based on temporal channelization," *IEEE Trans. Microw. Theory Techn.*, vol. 61, no. 12, pp. 4275–4282, 2013.

[22] S.T. Winnall and A.C. Lindsay, "A Fabry–Perot scanning receiver for microwave signal processing," *IEEE Trans. Microw. Theory Techn.*, vol. 47, no. 7, pp. 1385–1390, 1999.

[23] P. Rugeland, Z. Yu, C. Sterner, O. Tarasenko, G. Tengstrand, and W. Margulis, "Photonic scanning receiver using an electrically tuned fiber Bragg grating," *Opt. Lett.*, vol. 34, no. 24, pp. 3794–3796, 2009.

[24] C. Dantea, *Modern Communications Receiver Design and Technology*, Artech House Publishers, August 2010.

[25] W. Ruijia and W. Xing "Radar emitter recognition in airborne RWR/ESM based on improved K nearest neighbor algorithm," *2014 IEEE International Conference on Computer and Information Technology*, Xi'an, China, 2014, DOI 10.1109/CIT.2014.115.

[26] I. Arasaratnam, S. Haykin, T. Kirubarajan, and F. A. Dilkes "Tracking the mode of operation of multi-function radars," *2006 IEEE Conference on Radar*, Verona, NY, USA, 2006, DOI: 10.1109/RADAR.2006.1631804.

[27] A. Wesley, "Radar warning receiver (RWR) time-coincident pulse data extraction and processing," *IEEE Radar Conference*, Atlanta, GA, USA, 2012.

[28] J. Coward, "Analog to information (A2I) sensing for software defined receivers," Navy SBIR FY2009.2, 2009.

[29] K.-Y. Tu, M.S. Rasras, D.M. Gill, *et al.*, "Silicon RF-photonic filter and down-converter," *J. Lightw. Technol.*, vol. 28, no. 20, pp. 3019–3028, 2010.

[30] A.C. Lindsay, G.A. Knight, and S.T. Winnall, "Photonic mixers for wide bandwidth RF receiver applications," *IEEE Trans. Microw. Theory Tech.*, vol. 43, no. 9, pp. 2311–2317, 1995.

[31] X. Xie, Y. Dai, K. Xu, *et al.*, "Broadband photonic RF channelization based on coherent optical frequency combs and I/Q demodulators," *IEEE Photon. J.*, vol. 4, no. 4, pp. 1196–1202, 2012.

[32] D.Onori, F. Scotti, F. Laghezza, *et al.*, "A photonically enabled compact 0.5–28.5 GHz RF scanning receiver," *J. Lightw. Technol.*, vol. 36, no. 10, pp. 1831–1839, 2018.

[33] D. Onori, F. Scotti, F. Laghezza, *et al.*, "0.5–40 GHz range extension of a compact electronic support measures scanning receiver based on photonics," *18th International Radar Symposium IRS 2017*, Prague, Czech Republic, 2017.

[34] R.T. Logan, Jr, "Photonic radio frequency synthesizer," *SPIE's 1996 International Symposium on Optical Science, Engineering, and Instrumentation*, Denver, CO, USA, 1996.

[35] D. Onori, F. Scotti, F. Laghezza, *et al.*, "Relevant field trial of a photonics-based RF scanning receiver for electronic support measures," TuM2.3, 2016 IEEE International Topical Meeting on Microwave Photonics (MWP),

2016.

[36] R.G. Wiley, *ELINT: The Interception and Analysis of Radar Signals*, Artech House Radar Library, 2006.

[37] M. Pantouvaki, C.C. Renaud, P. Cannard, M.J. Robertson, R. Gwilliam, and A.J. Seeds, "Fast tuneable InGaAsP DBR laser using quantumconfined stark-effect-induced refractive index change," *IEEE J. Select. Topics Quantum Electron.*, vol. 13, no. 5, pp. 1112–1121, 2007.

第8章

雷达和电子战系统的过去和未来：工业角度

阿方索·法里纳 （Alfonso Farina）[①]

8.1 组织及要点

本章重点介绍雷达探测与测距（RADAR）和电子支援措施（ESM）系统中的光子学技术的过去、现在和将来。关于其他章节中描述的内容，我们从工业角度对光子学支持的一些附加功能（即光学处理器和量子雷达）进行了阐释。

我们从广泛（可能与国家领土一样大）的监视关键基础设施的"操作需求"开始。其中也将包括双重用途监视：例如与跨地中海移民有关的人道主义需求。

由于这些操作需求的相关性，必须鼓励技术方法的跨学科性质。应在行业、大学、政府和法律组织与用户（实际上是参与管理这些复杂关键基础结构的所有利益相关者）之间促进协作，这有助于建立和完善操作需求。

雷达和电子战（EW）系统可以在单独的平台上运行，也可以像海军舰船那样仅在一个平台上共存。从技术、技能、工程和系统的角度来看，雷达和电子战系统的共存是一个挑战。此问题应认真解决，将在8.7节中简要介绍。

本章的结构如下。操作需求在8.2节中描述。8.3节提供光子学在监视相控阵雷达（PAR）中的作用。8.4节的主题是合成孔径雷达（SAR）和光电器件的作用。8.5节中讨论光电器件如何在监视雷达和合成孔径雷达模式下的数字波束形成自适应信号处理中发挥很大作用。8.6节中讨论光电元件在ESM中的作用。8.7节中讨论雷达和电子战的共存。8.8节描述量子感应和量子雷达：它们是科幻或潜在现实？本章以总结和前瞻性想法作为结论。然后，本章涵盖了文本中引用的参考文献和读者可能感兴趣但文本中未引用的其他参考文献。

[①] 意大利 Selex Sistemi Integrati 公司。

8.2 作战需求

作战需求是涉及下列内容的声明:"确定必要的能力、相关要求、性能度量以及为实现所需结果而采取的过程或一系列行动,以解决任务领域的缺陷、不断发展的应用或威胁、新兴技术或提高系统成本"。作战需求评估从作战概念开始,并在确定任务表现假设和约束以及作战和任务成功所需的当前缺陷或增强方面,进行了更详细的介绍。作战需求是系统要求的基础[1]。

8.2.1 雷达

现代监视系统(传感器、命令和控制、反应)必须遵守空前广泛的作战需求。此处提供了一个非详尽的清单。

(1) 任何地方、任何时间、每个领域并希望在隐私和国家/国际法规方面进行监视/分类,以确保较低的虚警率。

(2) 涉及多种类型用于多种应用配备传感器的平台(水下、地面、舰载、机载、无人驾驶车辆、无人机、星载)。

① 民用(空中交通管制和天气预报及监控)、人道主义救援(移民/人口迁移)。

② 防御(针对快速移动的快速机动低雷达散射截面(RCS)目标、自助推阶段以来的远程战术弹道导弹、广泛的火箭类型、迫击炮射击、无人机)、非合作目标识别(NCTR)、电子攻击(EA)。

③ 通过墙体监视进行安全性、地下检查(如 VisiBuilding 计划[2]所述)。

④ 机载/卫星监测星球的生活质量(天气预报还包括短时气象、海洋学、时空风场估计,还用于风电场管理、生物量估计、污染等)。

⑤ 监视/跟踪/分类和减轻空间碎片。

(3) 己方部队/资源的本地化。

(4) 超越了通常信息的获取,可以从测量中获得情报。

(5) 超越通常的方式来显示数据并遵守安全法规和网络安全性进行广泛/明智的传播。

(6) 在有限的电磁(e.m.)频谱资源(今天是商品)中进行操作,该资源也符合国际和安全法规。

(7) 与其他作战领域中的电磁设备合作和共存。

(8) 在线/实时协调和操作传感器管理,以共同提高性能。

雷达和电子战是关键传感器,我们将会在本章中详细介绍。雷达应用的同时会出现杂波,即电磁周围环境的回响。从雷达工程师的角度来看,杂波就像是两面神：最大的敌人，同时也是最好的朋友。实际上，当雷达开启时杂波始终存在，并且要减轻其有害影响以侦测我们正在寻找的目标（值得注意的例外是 SAR，其中杂波确实是在空间上要成像的目标）。同时如果无需处理杂波，雷达工程师的工作量将显著减少，并且工作收入将减少。

现代雷达比以往任何时候都更强大，因为它们寻找昏暗的目标，因此有时要处理的杂波非常大。提高用于目标侦测的雷达灵敏度意味着采用更强大的杂波缓解技术。从硬件的角度来看，杂波抑制有两个主要的实际限制：动态范围和参考振荡器相位噪声。技术在这些领域起着关键作用。信号处理算法可以实现缓解杂波、目标提取、参数估计、NCTR、态势感知等。

8.2.2 电子战

电子战是一种军事行动，涉及使用电磁能量来确定、利用、减少或防止雷达使用电磁频谱。电子战的操作使用依赖于使用电子情报设备捕获雷达电磁排放，将信息汇总到支持数据库中，然后将其用于解释电磁排放数据，了解雷达和其他电磁系统功能，并对这些系统的反应进行编程。电子战分为两大类：电子战支援措施（ESM）和电子对抗措施（ECM）。基本上，电子战社区承担了分解雷达和电信能力的工作。虽然电子战社区做出了贡献，雷达社区仍需要承担起成功应用雷达的工作。其目标是通过电子反对抗措施（ECCM）技术来实现的[3]。

电子战支援措施是电子战的组成部分，涉及为了搜索、拦截、定位、记录和分析辐射电磁能量而采取的行动，目的是在军事行动的支持下利用此类辐射。因此，电子战支援措施提供了进行电子对抗措施、威胁侦测、警告和回避所需的电子战信息源。电子对抗措施是电子战的组成部分，涉及为防止或减少雷达对电磁频谱的有效使用而采取的措施。电子反对抗措施包括为确保有效利用电磁频谱而采取的雷达行动，虽然敌人发动了电子战[3]。

今天，该术语已发生如下变化。电子战包括三个主要部分：EA，电子保护和电子战支援（ES）[3]。

8.3 监视相控阵雷达中的光子学

在详细介绍光电子学在相控阵雷达中的作用（一直以来）之前，值得回顾一下多年来在开发相控阵雷达所取得的一些进展。

8.3.1 波束成形网络技术和架构

在传统的相控阵波束成形中，如图 8.1 所示，由阵列天线采集的信号会发生适当的相位偏移，在模拟/微波设备中求和，下变频到适当的频带，然后依次转换成数字。通过此种经过充分验证的技术——基于无源相控阵天线和模拟/微波技术——可以在射频（RF）或中频（IF）阶段形成数量有限（通常小于10）的现代波束。此种结构的缺点与旁瓣电平的控制困难、损耗高、没有单独的波束形状控制、结构复杂以及相应的重型设备有关。

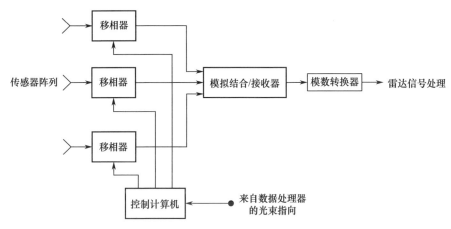

图8.1　采用模拟和微波技术的相控阵雷达传统波束形成[4]

用于自适应抑制电磁波干涉和波束形成与整形的早期数字波束形成网络，如图8.2所示。每个接收通道的组成：①射频低噪声放大器的级联；②从射频到中频、带通滤波器和中频放大器的下变频；③基带转换和相位侦测，以产生同相（I）和正交（Q）通道；④A/D转换；⑤用于形成 M 束的数字网络。我们应该注意，波束的数量 M 通常不同于接收天线的数量。在一般情况下，数字波束形成由权重的适当（M,N）矩阵 W 进行操作，可表示为

$$B = WS \tag{8.1}$$

式中：B 为形成波束的 M 维向量；S 为 N 个接收通道样本的 N 维向量。

出于实际和现实目的，子阵列级别的适应性是下一步的架构步骤。对于具有数千个元件的可操作相控阵雷达，不可能直接调整来自每个辐射元件的信号。有必要通过使用子阵列来降低系统复杂性。子阵列是天线基本辐射器的集合；整个天线可以看作是这些超级元件的阵列。可以将自适应处理应用于每个子阵列的输出信号，从而降低系统复杂性。假设子阵列合理地配置，则子阵列的数量和接收信道错误（如信道失配）确定抵消性能。因此，子阵列的数量是硬件复杂性、成本和可达到性能之间的权衡。

在相控阵雷达中，非常需要低旁瓣，这可以通过以下方式获得：①采用模拟技术的固定加权层（即在微波元件阶段），以降低各处的旁瓣电平；②在数字子阵列级别固定权重，以达到规定的峰旁瓣比；③具有数字技术的自适应加权层，用于沿高方向波束（和、差、高增益模式集合）和低增益（可能是全向波束，如保护信道）的干扰波到达方向（DoA）放置空值。图8.3给出了现代相控阵雷达的简化方案。

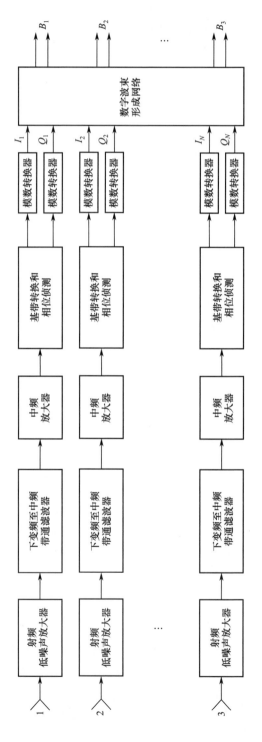

图8.2 基带处的数字波束形成处理方案[4]

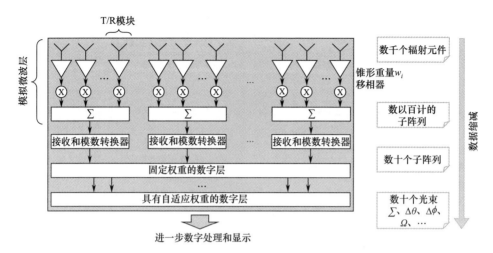

图8.3 具有确定性和自适应性的带有子阵列和数字波束形成的相控阵雷达[5]

相控阵雷达射频和数字电子技术的进步使数字阵列应用于雷达（DAR）和电子战。如已经指出的那样，微波模拟波束形成歧管设计用于特定应用，具有增加的开发周期持续时间，并且当需要低天线旁瓣时非常复杂且昂贵。相反，数字阵列为共享通用设计和硬件的传感器系统产品系列提供了更快、低成本开发的机会，还利用了在每个阵列元件上具有完整收发器功能所固有的可扩展性[6]。

对于DAR应用，直接访问每个阵列元素上的数据可提供传统架构无法实现的灵活性和实时可重新配置性，而传统架构要求在形成预定类型的光束之后进行数字信号处理。除了灵活性之外，元件级数字化还为新的和非常规的信号处理技术提供了机会[6]。图8.4提供了4种主要雷达架构的接收框图的摘要视图。

DAR的主要操作优势如下。

（1）改进的自适应模式归零。

（2）整个扫描范围内有多个同时发出的光束。

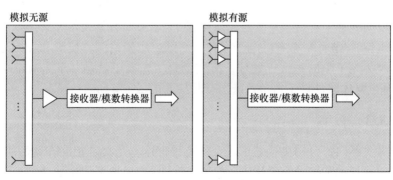

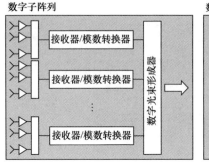
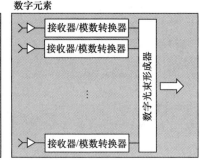

图 8.4 4 种主要架构的接收器框图摘要视图：数字元件对应于现代数字阵列雷达（DAR）[6]

（3）超低旁瓣。

（4）灵活的雷达功率和时间管理。

此外，由于在 N 个独立的本机振荡器上平均了相位噪声，因此实现了增强的运动稳定性。由于在 N 个独立的本机振荡器上平均相位噪声，因此可以增强系统稳定性。这可以帮助在杂乱环境中增强低 RCS 目标侦测性能[7]。

8.3.2 过去

参考文献[8]中描述了包括相控阵雷达在内的监视雷达的作用[8]，其中重点突出了最新技术、研究和观点。参考文献[9]中讨论了用于从杂波、雷达网络等中提取目标信号处理的细节。电子反对抗措施的特殊主题是参考文献[4]的主题。

光子学和光电器件在当前用于雷达局域网（LAN）的光纤数字链路以及用于天线远程处理或应答器（即目标回波的仿真）现场工具中发挥了作用。

需要提醒的是，我们不久将回顾本章中描述的光子学和光电子学的基本定义。

光子学[10]是一门物理科学，通过发射、传输、调制、信号处理、切换、放大和侦测/传感来产生、侦测和操纵光（光子）。光子学一词源自 20 世纪 60 年代初发明的首个实用半导体发光体和 20 世纪 70 年代开发的光纤产物。

光电学[11]是研究和应用电子设备和系统，用于追溯、侦测和控制光，通常将其视为光子学的一个子领域。有趣的是，光电子学是基于光对电子材料（尤其是半导体）的量子力学效应，有时甚至在存在电场的情况下。

8.3.3 目前

参考文献[12,13]中描述了当今的监视雷达，尤其是相控阵雷达的作用，重点介绍了技术和信号处理算法。参考文献[9]中讨论了用于从杂波、雷达网络等中提取目标信号处理的细节。参考文献[14]中描述了电子反对抗措施的发展。

光纤技术是一种技术,目前广泛用于通过旋转天线中的收集器进行多种模拟和数字信号(LAN,定时和控制)传输,从天线后端到处理器的数字波束形成的海量数据传输以及信号处理。在每个天线模块处,光纤可以提供命令和定时,而稳定的本机振荡器(STALO)光纤可以发送雷达接收的数据。

8.3.4 不久的将来

2016 年 IEEE 相控阵系统和技术国际研讨会(2016 年 10 月 18～21 日美国马萨诸塞州沃尔瑟姆[15])上,全体会议和特别会议"欧洲相控阵系统和技术"(主席:A. Farina、P. van Vliet)描述了不仅仅用于监视的相控阵雷达未来。相控阵雷达系统仍然是一项快速发展的技术,其不断发展受到现代军事和商业应用面临的挑战的推动。专题讨论会介绍了相控阵技术的最新进展,并为国际社会成员提供了与相控阵系统和技术领域的同事进行互动的独特机会。

最近,J. Herd 博士(MIT-LL)发布了 Andrew Zai 音频采访,内容涉及用于监视、空中交通管制和气象的低成本相控阵技术(请参阅 http://array2019.org/podcast-episode-2-interview-with-conference-chair-jeffherd-on-low-cost-phased array)。

光子学/光电子学的作用如下。STALO 可以在光学器件(光电振荡器)中生成,多功能系统的集成光学器件发射器和接收器可以在集成光学器件中实现,尤其是使用锁模激光器作为所有系统功能的相干时钟(多载波可调激励器,加快射频到数字转换的速度)。

8.4 SAR 中光子/光电子学

8.4.1 SAR 简短提醒

SAR 是一种雷达形式,用于生成诸如景观之类物体的图像。这些图像可以是物体的二维或三维体现形式。SAR 使用雷达天线在目标区域上的运动,提供比常规波束扫描雷达可能更高的空间分辨率。SAR 通常安装在移动平台(如飞机或航天器)上,其起源是侧面机载雷达的高级形式。SAR 设备在雷达脉冲返回到天线所花费的时间内经过目标的距离,将会产生较大的"合成"天线孔径(天线"尺寸")。根据经验,无论光圈是物理的(大天线)还是"合成的"(移动天线),孔径越大,图像分辨率就越高——这使 SAR 可以创建物理天线相对较小的高分辨率图像[5,16,17]。

8.4.2 过去

从 SAR 接收到的信号生成图像具有有趣的技术历史。通过级联的两个快速傅里叶变换，利用光学处理形成实时 SAR 图像。图 8.5 显示了 1970 年使用的光学设备。

图 8.5 倾斜平面光学 SAR 处理器（通用动力高级信息系统 D. Ausherman 博士提供）

8.4.3 现在和未来

星载雷达有效载荷的发展依赖于朝着片上系统策略的模块化设计，以及在包含多个子系统的外围实体之间传递辅助消息。实际上，有效负载子系统依赖于旨在进行数据编程、处理、存储、控制和传输的数种发送/接收功能。此外，从工业角度看，似乎有必要促进旨在减少设计、开发和集成成本以及促进向后兼容性或适度地适应传统方法的标准程序。诸如 Spacefibre 之类的超越 SpaceWire 和 WizardLink 的高速接口，将成为现代星载 SAR 有效负载架构的基石，以应对子系统之间传输数据以及查询大容量存储数据库的不可避免的延迟[18]。

因此，按照欧洲空间标准化合作组织的标准化程序和相关工作组[19]定义，Spacefibre 是一种协议栈，设计用于在距离长达 100m 的光纤上进行空间应用，并具有数十吉比特每秒量级的高吞吐量，以及拥有服务质量、故障侦测隔离和恢复功能。

虽然如此，值得注意的是，到目前为止，STAR-Dundee 一直在为抗辐射专用集成电路（ASIC）和现场可编程门阵列（FPGA）设计专用的 Spacefibre IP VHDL[20]。

8.4.3.1 意大利在星载 SAR 任务中的作用

根据 NASA-JPL、ASI 和 DLR 之间的密切联系，意大利从欧洲传统项目开始参加了航天飞机雷达地形任务（SRTM），一直处于欧洲星载 SAR 的最前沿。SRTM 是一项国际研究工作，旨在为当时的科学界和政府在全球范围提供精确数字高程模型。特别是，意大利为 X 频段合成孔径雷达（SAR）的设计和开发做出了贡献，随着地中海盆地观测小型卫星星座（COSMO – SkyMed）的问世，这种情况得到了进一步改善。COSMO – SkyMed 由意大利研究部和国防部资助且由意大利航天局（ASI）管理，用于国防和民用目的。

COSMO – SkyMed 系统的空间部分包括 4 颗中型卫星（在 619 km 的高度运行），并在 X 频段配备了 SAR 传感器，并覆盖了整个地球。在全天候条件下，每天重复几次对感兴趣区域的观察。该图像在意大利和其他国家/地区用于国防和安全、地震灾害分析、环境灾难监视和农业制图。第 1 枚卫星于 2007 年 6 月发射。其他 3 枚卫星在以下日期发射：第 2 枚卫星于 2007 年 12 月，第 3 枚卫星于 2008 年 10 月，第 4 枚卫星于 2010 年 11 月[21]。

意大利科学家和工程师在 SAR 干涉测量技术中以 3D 定位和变形测量而闻名。同样，广泛使用了现代差分干涉测量 SAR 技术来处理多个采集。位移时间序列和地形可以在多维空间中可靠地分离，具有以时间和空间分集为特征的多次采集。例如，在拉奎拉（L'Aquila）地震（2009 年）发生严重事件后，COSMO – SkyMed[22]监测到数次余震。

Cosmo-Skymed 第二代将进一步继承上述遗产，并在辐射测量和几何性能以及高级建筑设计方面进行一些改进，并通过 Stripmap、Spotlight 和 Scansar 改进操作模式。虽然如此，当前的工作还旨在研究新颖的高分辨率宽幅（HR-WS）模式的扫描范围与分辨率，该模式包括用于仰角维度上的扫描接收法（SCORE）的数字波束成形网络（DBFN）以及交错脉冲重复频率（PRF）或方位频谱的多通道采样。为了配合这些工作，针对片上系统政策模块设计，将确定与光电相关支持技术的技术成熟度等级（TRL）。片上系统策略包括多种方面，如多频光学振荡器、适用于 3 轴稳定姿态的光学陀螺仪和轨道控制系统（AOCS）或空间光纤高速接口，具有数十吉比特每秒数量级的高吞吐量以及服务质量（QoS）和故障侦测、隔离和恢复（FDIR）功能。

8.5 光子学/光电子学在雷达自适应数字波束形成（ADBF）中的作用

在 21 世纪初期的一个研究案例中，已经分析了光子学/光电子学在多通道雷达自适应数字波束形成（ADBF）中的作用，并在参考文献[23]中发表了所取得的成果。本节中描述了有关光处理器开发的简要概述。多通道雷达的自适应数字波束形成（ADBF）与监视雷达和 SAR 相关。多通道技术，特别是空时自适应处理（STAP）技术最初是为了抑制移动平台（如飞机）上的雷达接收到的杂波（和定向电磁干扰）而设计的。之所以如此是因为多普勒频率和角度（空间频率）平面中的杂波脊；实际上，杂波回波在角度和多普勒频率上耦合。因此，需要一个二维自适应滤波器来消除干扰[24]。当平台静止时，该耦合不再存在。但是，当杂波和方向性电磁干扰存在并且它们的统计特征不是先验时，类似 STAP 的技术（即频域和角域中的联合自适应抵消）仍然很有价值。实际上，如果我们使用自适应运动目标指示（MTI）操作模式（以抑制杂波）和自适应阵列（以抑制方向性电磁干扰）的级联[25]，则会出现两个自适应滤波器都无法在强烈干扰的情况下正常工作。例如，在存在强方向性电磁干扰的情况下，自适应运动目标指示将无法正确估计杂波协方差矩阵，因此不会产生适当的滤波器权重来消除杂波。这不允许使用无杂波测距单元来估算方向电磁干扰消除的协方差矩阵[26]。总之，自适应空间阵列在存在强杂波情况下，将不能正确地估计方向电磁干扰协方差矩阵。因此，成功自适应处理器拒绝杂波和方向电磁干扰的唯一方法类似于 STAP，即在多普勒频率角域中的联合抵消。参考文献[23]提出了一些实验结果，它们是在适当的试验活动中，将 STAP 类算法应用到使用试验台微波多通道雷达记录的实时数据中获得的。类似于 STAP 的算法是通过模拟处理元件的脉动阵列来实现的，该阵列对杂波、电磁干扰和噪声实时数据执行量子雷达分解。我们正在考虑的目标多普勒频率和目标到达方向的约束是通过最小方差无失真响应方法施加的。有关算法的详细信息，请参阅参考文献[26-28]。

类似于 STAP 算法的性能优势应与计算成本进行权衡分析，以允许 STAP 在当前雷达系统中应用。参考文献[23]提出了在有限的计算负担下使用 STAP 的可能策略，提出了两种方法来实现 STAP 所需的计算负荷。首先是指量子雷达分解在基于 FPGA 设备上的映射。已经使用相对于具有 5 个天线偶极子的线性阵列的模拟数据测试了映射，这适用于沿角域的方向性干扰消除。第二种方法是在高速光学处理器上映射 STAP 算法。该处理器的基本操作是一步完成向量矩阵乘法（256 个元素的向量乘以 256×256 矩阵），速率为 125MHz。由 Lenslet 公司设计的光学处理器能够（在 21 世纪）每秒执行 8000Giga 乘法和累积运算，因此适用于诸如 STAP 之类的计算密集型应用。该方法已针对具有 10 个天线偶极子的线性阵列的仿真数据进行了测试，每个天线偶极子具有 10 个脉冲重复时间间隔。在此种情况下测试的干扰与信号功率之比为 80dB。

本节描述了在基于光学的计算设备上自适应数字波束形成（ADBF）算法的映射以及与 FPGA 性能的比较。参考文献[23]中提供了详细信息。如今，如参考文献[29]中所述，Lenslet 公司仍在现场运行。网站报价：EnLight 电光处理器以前所未有的 8Mbit/s（8 万亿次）计算运算速度运行——比任何已知的数字信号处理器快 1000 倍。以色列一家名为 Lenslet 的小型公司开发了一种革新性的电光处理器，该处理器以 8Mbit/s（8 万亿）计算操作的空前速度运行——比任何已知的数字信号处理器快 1000 倍。

8.5.1 在光学计算机上映射自适应数字波束形成（ADBF）算法

8.5.1.1 光学处理器说明

光学处理一直具有高并行性，可以将其转换为非常快的计算能力。Lenslet 开发了世界上第一台商用光学处理器。Lenslet 处理器，EnLight256 是一种小信号处理芯片（5cm×5cm），具有一个光芯，每秒执行 8 兆乘法累加运算（MAC），即每秒 8 万亿次计算操作。这比当今最快的数字信号处理器（DSP）（即参考文献[23]发布之日）快 1000 倍。光芯是矢量矩阵乘法器（VMM），矩阵大小为 256×256。系统时钟为 125MHz。每个时钟执行 256^2 个 MAC，从而得到每秒 8 太 MAC 的性能指标。光学处理器的缩放和并行性属性与矩阵大小选择相关——与电子设备相比，缩放比例越大，计算速度越快，缩放损失也相对较小。

除了光学 VMM，EnLight 256 光学处理器还包括矢量处理单元（VPU），用于处理矢量 - 矢量运算。VMM 和 VPU 单元的组合为复杂算法提供了强大的计算平台。

8.5.1.2 映射算法的描述

使用光学处理器来解决繁重的 STAP 计算任务的挑战是，要考虑到 OP 的特定特性和提供的数据，找到创新的方法来满足对动态范围的严格要求。OP 的特点是矩阵 - 矢量积运算具有极高的性能、有限的输入/输出精度，并且优先选择比矢量速度慢的矩阵更新速率。

提供的数据视为一组样本矢量，例如（0.5÷1）×10^3 个矢量。单个数据样本矢量的长度约为 10 个，如 10 个天线×10 次抽头。协方差矩阵非常奇异，条件数约为 10^8。

为了处理此种极端特性，Lenslet 开发了一种算法，该算法在数据域中起作用。它是 Jacobi - Davidson 算法和基于 Krylov 子空间迭代方法的特定组合。

该算法包括以下步骤。

（1）扩充矩阵的 Krylov 子空间基础的计算。这是在 VMM 和 VPU 上执行的。这是要求完整矩阵 - 矢量乘积计算的唯一一步。与计算子空间基础的过程并行，还计算了雅可比型正交矩阵（3 对角对称实数）。

（2）协方差矩阵的特征向量和特征值的 Ritz 近似值的计算。这是在 DSP 和 VPU 上执行的。首先，求解上一步中获得的 3 对角雅可比矩阵的特征问题，特征向量是 Krylov 子空间基础的线性组合。结果有助于估计干扰协方差矩阵的相应元素。

（3）滤波器系数的计算。这是根据 Hung-Turner 投影算法[30]在 VPU 上执行的。

(4) 计算每个转向矢量（视向）的干扰残差。

8.5.1.3 算法性能

时间性能与 Krylov 子空间的尺寸成比例（算法的步骤1）。为了计算单基矢量，必须顺序执行以下操作。

(1) 扩充矩阵在矢量上的乘法。此操作的实际实现需要计算两个矩阵的矩阵 – 矢量积：一个是行数据矩阵中用于协方差矩阵估计的部分，第二个是转置矩阵。

(2) 两个向量的点积。

(3) 向量和标量的乘积。

(4) 两个向量相减。

(5) 向量的归一化。

用 N ($N=nm$) 表示数据矢量的长度，用 K 表示要处理的样本矢量的数量，计算单基矢量所需的操作数约为 $2NK$。

8.5.1.4 概念系统的实现和时间表现

在 MATLAB© 上编写的 EnLight256 仿真器上，针对研究案例提供的数据，测试了算法性能以及 OP 有限精度运算的约束条件的影响。

数据集包括 700 个向量，每个向量的长度为 100（10 个天线 × 10 个抽头）。协方差矩阵的约 20 个特征向量的阶数为 $10^7 \sim 10^8$，其余为 $1 \sim 10$ 阶。结果如图 8.6 所示。绿线（"增强型 Krylov"）对应于 EnLight 仿真器提供的干扰残留。带有星号的蓝线显示了准确的结果。结果是使用 Lenslet 系统获得的，该系统的输入向量精度为 10 位，矩阵输入为 10 位，输出向量为 10 位，即名义上的 10 – 10 – 10 系统。

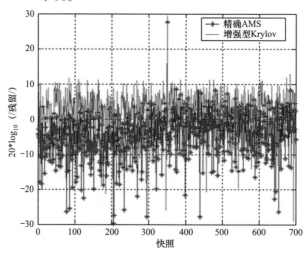

图 8.6　与 MATLAB©相比，光处理器上的 10 个天线和 10 个抽头 STAP 结果（见彩插）

基本计算 Krylov 子空间所需的时间与其维数成正比。它需要 2 个时钟周期才能执行一次基本矢量计算。在上述测试案例中，Krylov 子空间的维数为 60，因此需要 120 个时钟来计算它。

为了达到 10 位精度，相同的计算重复了 32 次。因此，子空间的 60 个向量计算所需时间为：

$$60 \times 2 \times 32 = 3840 \text{ VMM 时钟周期@ } 125\text{MHz} = 31\mu\text{s}$$

该算法的下一步是完成特征向量和协方差矩阵特征值的 Ritz 近似计算，然后计算滤波器系数。为了适应这些计算，并假设由于该算法的递归性质而导致 VPU 的管道使用受限，Lenslet 估计额外的 VPU 开销需要 20 μs。因此，完整计算 100 个不同转向矢量的权重估计为 50ms。由于此方法适用于数据域，因此无需花费时间来计算协方差矩阵。

8.5.1.5 光学性能与 FPGA 性能

由于两个器件之间的巨大性能差距，针对 FPGA 和光学处理器进行了案例研究，它们在大小和规模上有所不同。为了粗略估计这两种设备之间的性能比，当用于雷达 STAP 系统时，Lenslet 估计了它可以在 FPGA 中测试的相同 0.4μs（2.5MHz）内提供同类型的解决方案。表 8.1 显示了此比较的结果。

表 8.1 EnLight 光学处理器与 FPGA

	现场可编程门阵列	EnLight ODSP
天线类	5	8
抽头	1	8
N	5	64

表 8.1 中提供的 Lenslet 估计使用了双重 EnLight（ODSP）配置。假设 N^2 的计算复杂度，我们可以得出，对于 STAP 实施，一对 Lenslet 的 EnLight 光学处理器相当于 160 个 FPGA。我们得出结论，在未来的雷达系统中实施 STAP 可能会成为关键的技术优势。在合理的物理尺寸和整体系统成本的基础上，光处理器可以充当更大天线阵列的支持构建块，并花费更多的时间。

8.6 光子学/光电学在 ESM 中的作用

光电学已广泛用于多种武器系统（如传统导弹、便携式防空系统、具有红外搜索功能的空对空系统）和反制系统（如定向红外对抗系统（DIRCM））中。后者是一种保护飞机免受红外寻的（"寻热"）便携式导弹的系统。它是一种轻巧紧凑的系统，旨在为易受攻击的飞机提供增强的防御，使其免受常见战场威胁。它比常规的红外对抗系统更先进。红外对抗系统（DIRCM）一词是通用术语，用于描述跟踪能量并将其引导至威胁的红外对抗系统[31]。

它可以与射频设备上的任何电子战集成。因此，光电技术是当今电子战的重要组成部分。

8.7 雷达与电子战的共存：光电元件的作用

除其他参数外，接收器的工作特性（ROC）（侦测、虚警率和信噪功率比）还定义了雷达性能[32]。ESM的性能由拦截的可能性、拦截的时间以及识别辐射源的可能性来定义[33]。当适当地放置在平台上时，这两个系统应在时间、频率和视角上正确同步，以避免彼此的不当功能。适当的空间间隔和天线设置可以帮助两个系统电磁解耦。系统管理员应协调每个系统的操作功能和集成整体的性能[34]。

光电学可以在数据的收集和分发中发挥作用，并提供强大的信号处理计算设备。

8.8 量子感应和量子雷达（QR）：科幻还是现实？

量子雷达是一种基于量子纠缠的遥感方法①[36]。一个最有说服力的模型是由国际研究人员团队提出的[37]。

此团队设计了一种量子雷达模型，用于遥感嵌入在明亮微波背景中的低反射率目标，其侦测性能远远超出了传统微波雷达的能力。通过使用合适的波长转换器，该方案在发送给探测目标区域的微波信号束和保留用于侦测的光学惰轮束之间产生了出色的量子相关性（量子纠缠）。从目标区域收集的微波返回物随后会转换为光束，然后与闲频光一起进行测量。这种技术将强大的量子照明协议（QI）[38]扩展到其更自然的光谱域，即微波波长。

原型量子雷达可以使用当前技术实现，并且适合各种潜在应用，从对隐形物体的防区外感到电路的环境扫描。由于其量子增强的灵敏度，该设备还促使形成了用于蛋白质光谱和生物医学成像的低通量无创技术。

---

① 量子纠缠是一种物理现象，描述了成对或成组的粒子，其中每个粒子的量子状态无法独立地描述。包括粒子的整个系统必须用量子态来描述。纠缠影响纠缠粒子的物理性质（如位置、动量、自旋或极化）度量。例如，假设生成了一对粒子，它们的总自旋为零。如果测量一个粒子在某个轴上具有顺时针旋转，则另一个粒子在同一轴上的旋转将测量为逆时针。因此，对纠缠粒子性质的任何测量都作用于该粒子（如通过集中多个叠合状态），并且对整个纠缠系统起作用。纠缠对中的一个粒子"了解"对另一粒子进行了何种测量，以及得出了何种结果，即使粒子之间没有任何已知的通信方式，在测量时也可能由任意大的距离分开[35]。

国防承包商也考虑了其他方法,其目的是创建一种雷达系统,比传统雷达可以提供更好的分辨率和更详细的细节[39]。

根据中国官方媒体的报道,第一台量子雷达于 2016 年 8 月在现实环境中开发和测试[40]。此报告最初来自中国政府官方报纸《环球时报》[36]。

8.8.1 量子雷达操作的基本原理

如参考文献[39]中的简要描述,基本思想是在飞机上有两个光子,一个用于侦测,另一个在雷达接收器上,如图 8.7 所示。

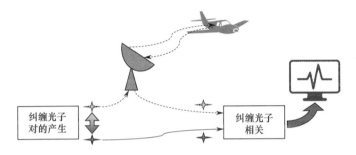

图 8.7 量子雷达的工作原理[39]:产生一对纠缠的光子,其中一个光子发送到目标,反射回雷达后,它将与另一个光子相关,从而增加了系统的敏感性

8.8.2 量子照明的基本工作原理

S. Lloyd 和国际工作组已经建立了光子与微波间的量子纠缠技术[37,38](称为 QI),它使量子雷达成为潜在的真实系统。

就像任何雷达一样,量子照明目标侦测系统在微波状态下运行,产生纠缠的微波和光信号(图 8.8)。主要构建模块是光机电(EOM)转换器(图 8.8(a)),其中微波谐振腔和光学谐振腔共享一个机械谐振器。这样光机电转换器可以同时保持微波振荡和光振荡,而这两个发射信号会纠缠在一起。

量子照明方案如图 8.8(b)所示。发射光机电转换器生成纠缠的微波和光信号。微波信号朝着目标发射,同时保持光(闲频光)信号以进行侦测,如下所述。由目标反射的微波回波信号在接收光机电转换器处收集,在此驱动微波腔振荡,因此接收光机电转换器的光学腔也振荡。最后,来自发送和接收光机电转换器的光信号在光侦测器中相关。

作者声称,他们的系统明显优于具有相同发射能量的常规(相干态)微波雷达,从而实现了侦测误差概率降低了一个数量级。此外,该系统可以用最先进的技术来实现,并且适合于如低反射率物体间隙感测以及电路环境扫描之类的潜在应用。由于其增强的灵敏度,该系统还促使形成了用于蛋白质光谱和生物医学成像的低通量无创技术[37]。

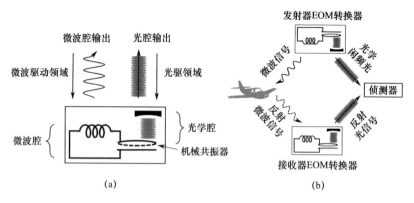

图8.8 (a) 光机电（EOM）转换器示意图；(b) 发送和接收阶段的两个 OEM 转换器（改编自参考文献[37]）

量子雷达的关键技术是工具光机电转换器，它在光信号和微波信号之间产生纠缠（图8.8）。有人可能会争辩说，发送部分和接收部分中的两个 OEM 应该是一对。否则，它们之间的差异将严重影响雷达性能。

此外，如参考文献[37]所述，量子照明的主要目标是提高对浸入明亮热背景中的低反射率目标的侦测。我们注意到，感兴趣的目标通常是在温度可能非常低的高海拔地区。因此，此种类型的量子雷达原则上可以应用于在非常短的范围内侦测目标。报纸描述了对扫描、光谱学和生物医学成像的电路传感。

另一个限制似乎与信号往返时间期间要保留的闲频光模式的光学存储有关。对于较长的往返时间，据估计损耗为 3dB，这意味着相对于传统雷达没有优势。要注意的是，目标侦测是通过在两个备选假设 H1 与 H0 中比较系统收集的光子数量来进行的。

即使此种处理模式与传统雷达的工作方式在形式上有所不同，也是可以理解的。

一个关键问题是发射器在哪里：它是否是图 8.8 的微波腔的机械谐振器？这么小的功率是否足以传输？

以下是对参考文献[37]的附加说明。参考文献[37]中图 3 所示的雷达（传统 ROC）侦测性能图不是典型的经典雷达。在 x 轴上，我们没有放置时间带宽乘积，而是放了信噪比！似乎没有一个量子雷达方程。值得将其与经典雷达进行比较。

有人认为量子雷达一次只看一次距离角多普勒单元。最后，参考文献[37]中报道的研究只是在有噪声的情况下完成的。杂波、多径和其他干扰现象如何影响光－微波纠缠？

总而言之，量子雷达技术似乎还处于起步阶段。虽然如此，值得一提的是保持跟踪。具有实际限制和潜在应用的量子雷达概念潜在证明当然存在。最近，S. Pirandola 在 9 月 23 日至 25 日马德里举行的 EuRAD2018 大会上，这一声明得到了证实。会议名称为："量子雷达：从量子照明到工作原型"，潜在的原型可以在目标上提供数公里的探测距离。

8.9 总结与展望

综上所述，已经表明光子学在 RADAR 和电子战系统中起着关键作用。当我们谈论技术时，尤其是新技术时，似乎有必要引用/估计其技术成熟度等级（TRL）[41]。TRL 是一种在获取过程中估算程序中关键技术要素技术成熟度的方法。这是一个值得进一步研究的开放性问题。

参 考 文 献

[1] http://www.mitre.org/publications/systems-engineering-guide/se-lifecycle-building-blocks/concept-development/operational-requirements. Accessed date: 2018-11-14.

[2] E. J. Baranoski, "Through-wall imaging: historical perspective and future directions", *Journal of the Franklin Institute*, vol. 345, no. 6, pp. 556–569, 2008.

[3] "Electronic Warfare", Wikipedia, https://en.wikipedia.org/wiki/Electronic_warfare. Accessed date: 2018-11-14.

[4] A. Farina, *Antenna Based Signal Processing Techniques for Radar Systems*. Artech House, Inc., Norwood (MA), USA, 1992.

[5] Synthetic aperture array, Wikipedia, https://en.wikipedia.org/wiki/Synthetic_aperture_radar. Accessed date: 2018-11-14.

[6] S. H. Talisa, K. W. O'Haver, T. M. Comberiate, M. D. Sharp, and O. F. Somerlock, "Benefits of digital phased array radars", *Proceedings of the IEEE*, vol. 104, no. 3, pp. 530–543, 2016.

[7] J. S. Herd and M. D. Conway, "The evolution to modern phased array architectures", *2015 Proceedings of the IEEE*, vol. 104, no. 3, pp. 519–529, 2016.

[8] A. Farina and G. Galati, "Surveillance radars: state of art, research and perspectives". Alta Frequenza, no. 4, vol. LIV, 1985. pp. 261–277, invited paper. (Reprint on *Radar Applications*, Editor M. I. Skolnik, IEEE Press, 1988, paper no. 3.3).

[9] A. Farina (Ed.), *Optimized Radar Processors*. On behalf of IEE, Peter Peregrinus Ltd., London, October 1987.

[10] "Photonics", Wikipedia. https://en.wikipedia.org/wiki/Photonics. Accessed date: 2018-11-14.

[11] "Optronics", Wikipedia. https://en.wikipedia.org/wiki/Optoelectronics. Accessed date: 2018-11-14.

[12] A. De Maio, A. Farina, L. Timmoneri, and M. Wicks, "Ground-based early warning radar (GBEWR): technology and signal processing algorithms", chapter 8, *Principles of Modern Radar: Radar Applications*, vol. 3, W. L. Melvin and J. A, Scheer (Eds.), Raleigh, NC, USA: Scitech Publishing, an imprint of the IET, 2014, pp. 323–381.

[13] A. Farina, P. Holbourn, T. Kinghorn, and L. Timmoneri, "AESA radar – pan-domain multi-function capabilities for future systems", Invited to the plenary session at 2013 IEEE International Symposium on Phased Array Systems & Technology Boston, 15–18 October 2013.

[14] A. Farina, "Electronic counter-countermeasures", chapter 24, *Radar Handbook*, 3rd edition, M. I. Skolnik (Ed.), Mc-Graw Hill, Inc, USA, January 2008.

[15] https://ieeexplore.ieee.org/xpl/mostRecentIssue.jsp?punumber=7813534. Accessed date: 2018-11-14.

[16] D. A. Ausherman, A. Kozma, J. L. Walker, H. M. Jones, and E. C. Poggio, "Developments in radar imaging," *IEEE Transactions on Aerospace and Electronic Systems*, vol. AES-20, no. 4, pp 363–400, 1984.

[17] A. Farina, "Radar imaging: an industrial point of view. From the beginning to its applications to large systems", GTTI 2011 meeting, Messina-Taormina, 21 June 2011.

[18] http://2016.spacewire-conference.org/programme/. Accessed date: 2018-11-14.

[19] http://spacewire.esa.int. Accessed date: 2018-11-14.

[20] http://www.star-dundee.com. Accessed date: 2018-11-14.

[21] https://en.wikipedia.org/wiki/COSMO-SkyMed. Accessed date: 2018-11-14.

[22] D. Reale, D. O. Nitti, D. Peduto, R. Nutricato, F. Bovenga, and G. Fornaro, "Postseismic deformation monitoring with the COSMO/SkyMed Constellation", *IEEE Geoscience and Remote Sensing Letters*, vol. 8, no. 4, pp. 696–700, 2011.

[23] A. Farina, S. Stefanini, L. Timmoneri, *et al.* "Multichannel radar: advanced implementation technology and experimental results", *International Radar Symposium - IRS* 2005, 6–8 September 2005, Berlin, Germany.

[24] R. Klemm, *Principles of Space-Time Adaptive Processing*, The Institution of Electrical Engineers, London, UK, 2002.

[25] A. Farina, G. Golino, and L. Timmoneri, "Comparison between LS and TLS in adaptive processing for radar systems", Proceedings of IEE Radar, *Sonar and Navigation*, no. 1, pp. 2–6, 2003.

[26] L. Timmoneri, I. K. Proudler, A. Farina, and J. C. McWhirter, "QRD-based MVDR algorithm for multipulse antenna array processing", *Proceedings of IEE Radar, Sonar and Navigation*, no. 2, pp. 93–102, 1994.

[27] A. Farina and L. Timmoneri, "Real-time STAP techniques", *IEE ECEJ Special Issue on Space-Time Adaptive Processing*, vol. 11, no. 1, pp. 13–22, 1999.

[28] P. Bollini, L. Chisci, A. Farina, M. Giannelli, L. Timmoneri, and G. Zappa, "QR versus IQR algorithms for adaptive signal processing: performance evaluation for radar applications", *Proceedings of IEE Radar, Sonar and Navigation*, vol. 143, no. 5, pp. 328–340, 1996.

[29] https://www.israel21c.org/new-israeli-electro-optic-processor-is-as-fast-as-a-super-computer/. Accessed date: 2018-11-14.

[30] J.R. Guerci, *Space-Time Adaptive Processing for Radar*, Artech House, USA, p. 134, 2003.

[31] https://en.wikipedia.org/wiki/Directional_Infrared_Counter_Measures. Accessed date: 2018-11-14.

[32] M. I. Skolnik, *Introduction to Radar Systems (Irwin Electronics & Computer Engineering)*, 3rd edn., 2015.

[33] R. C. Wiley, *ELINT: The Interception and Analysis of Radar Signals*, Artech House, USA, 2006.

[34] S. Celentano, A. Farina, G. Foglia, and L. Timmoneri, "Co-existence of AESA (active electronic scanned array) radar and electronic warfare (EW) systems on board of a military ship", SeaFuture2018, www.seafuture2018.it, 19–23 June, La Spezia.

[35] https://en.wikipedia.org/wiki/Quantum_entanglement. Accessed date: 2018-11-14.

[36] https://en.wikipedia.org/wiki/Quantum_radar. Accessed date: 2018-11-14.

[37] S. Barzanjeh, S. Guha, C. Weedbrook, D. Vitali, J. H. Shapiro, and S. Pirandola, "Microwave quantum illumination", *Physical Review Letters* vol. 114, no. 080503, pp. 1–5, 2015. DOI: 10.1103/PhysRevLett.114.080503.

[38] S. Lloyd, "Enhanced sensitivity of photo detection via quantum illumination", *Science* vol. 321, pp. 1463–1465, 2008.

[39] M. Lanzagorta, *Quantum Radar*, San Rafael, CA, USA: Morgan & Claypool, 2011.

[40] http://phys.org/news/2015-02-big-future-quantum-radar.html. Accessed date: 2018-11-14.

[41] https://en.wikipedia.org/wiki/Technology_readiness_level. Accessed date: 2018-11-14.

延 伸 阅 读

A. Bergeron, L. Marchese, M. Doucet, *et al.*, "Rugged SAR optronic SAR processing through wavefront compensation and its digital analogy", *Synthetic Aperture Radar, 2012. EUSAR. 9th European Conference on*. VDE, Nürnberg, Germany, pp. 746–748.

L. Chisci and A. Farina, "Survey on estimation", *Encyclopedia of Systems and Control*, edited by T. Samad and J. Baillieul, Springer-Verlag, London, pp. 24, 2015,. DOI 10.1007/978-1-4471-5102-9_60-2.

C. W. Helstrom, "Quantum detection and estimation theory", *Journal of Statistical Physics*, vol. 1, no. 2, pp. 231–252, 1969.

C. W. Helstrom, *Quantum Detection and Estimation Theory*, Academic, New York, 1976.

M. Lanzagorta and J. Uhlmann, "Quantum computer science", *Synthesis Lectures on Quantum Computing* #2, Morgan & Claypool Publishers, 2009.

L. Marchese, M. Doucet, B. Harnisch, *et al.*, "Full scene SAR processing in seconds using a reconfigurable optronic processor", *IEEE Radar Conference*, 2010, Arlington, VA, USA, pp. 1362–1364.

S. Melo, S. Maresca, S. Pinna, *et al.*, "High precision displacement measurements in presence of multiple scatterers using a photonics-based dual-band radar", *IET International Radar Conference*, Glasgow (UK), 23–26 October 2017.

L. Pierno, M. Dispenza, G. Tonelli, A. Bogoni, P. Ghelfi, and L. Poti, "A photonic ADC for radar and EW applications based on modelocked laser", *Microwave Photonics*, 2008, Gold Coast, Australia.

L. Pierno, A. M. Fiorello, A. Secchi, and M. Dispenza, "Fibre optics in radar systems: advantages and achievements", *Polaris Innovation Journal*, vol. 22, pp. 64–71.

L. Pierno, A. M. Fiorello, A. Secchi, and M. Dispenza, "Fibre optics in radar systems: advantages and achievements", *2015 IEEE Radar Conference*, Arlington, Virginia, USA.

Selex ES Technical Review, "Photonics and more: a word of light around us", *Polaris Innovation Journal*, vol. 21, 2015.

"The Quantum Age. Technological opportunities". Government Office for Science, UK, pp. 1–64. https://www.gov.uk/government/uploads/system/uploads/attachment_data/file/564946/gs-16-18-quantum-technologies-report.pdf. Accessed date: 2018-11-14. © Crown copyright 2016.

V. Tocca, D. Vigilante, L. Timmoneri, and A. Farina, "Adaptive beamforming algorithms performance evaluation for active array radars", *IEEE Radar Conference* 2018, 23–27 April, Oklahoma City, OK, USA.

S. Tonda-Goldstein, D. Dolfi, and A. Monsterleet, "Optical signal processing in radar systems", *Microwave Theory and Techniques, IEEE Transactions on*, vol. 54, no. 2, pp. 847–853, 2006.

M. Weber and D. Zrnic, "Meteorological phased array radar: opportunities, challenges and outlook", *2018 IEEE Radar Conference*, 23–27 April 2018, Oklahoma City, OK, USA.

第 9 章

结论

安东内拉·博戈尼 （Antonella Bogoni），[1][2]
保罗·格菲 （Paolo Ghelfi），
弗朗切斯科·拉赫扎 （Francesco Laghezza）[3]

  作为本书的结论，我们认为有必要总结本书中的要点。

  在过去的几十年中，光子学已证明在微波领域具有多种功能：微波信号的宽带生成、侦测和分配、射频（RF）信号的敏捷滤波以及信号相位的快速精确控制或相控阵天线中波束成形功能的延迟。光子学在微波领域的主要特征是频率灵活性（允许相同设备的运行频率从几千兆赫到几十千兆赫）和精度（就相位稳定性而言，还与光纤结合使用）。这些可以在微波系统中利用，以实现新的性能和新的功能。

  同时，由于最近的性能要求，雷达和电子战系统应用领域面临严重的问题。

  雷达系统应集成多种功能，实施认知多功能雷达的概念，以降低监视设备的总成本。多频带和频率灵活的收发器可用性也开辟了与软件定义雷达概念相关的新可能性。

  此外，相干雷达网络已经成为利用角分集和数据融合来收集更准确和更全面信息的必要条件。在此种情况下，需要传感器节点之间的完美同步才能实现高性能的集中式方法。

  另一方面，电子战（EW）系统需要将其管理频率范围扩展到数十兆赫兹，同时减小设备的尺寸、重量和消耗量以适合最苛刻的平台（如无人驾驶车辆）。

  从上述情况来看，不言而喻的是，光子学可以满足所有这些新要求，成为真正的技术推动力。实际上，我们特别描述了最新的雷达、雷达网络和电子接收器原型，这些原型利用光子学来开发独特的创新功能：分别同时进行多频段

---

[1] 意大利圣安娜高等研究学院传播，信息和感知技术研究所（TeCIP）。
[2] 意大利国家电信大学（Consorzio Nazionale）国家光子网络与技术国家实验室（PNTLab）。
[3] 荷兰恩智浦半导体。

操作、相干多基地和很大程度上分布式监视以及超宽带分析。这些功能很难（也不是不可能）用标准的射频技术实现，而如果改用光子学，则很容易实现。此外，值得回顾的是，虽然这些原型仅处于演示阶段，并由单独的光学组件构成，但它们的总体性能已与最新的商用系统保持一致。因此，进一步的改进（从通用性能、可靠性、尺寸和成本的观点出发）是可以合理预期的。

光子集成技术的迅速发展是微波光子学工业发展的关键点。实际上，在数种应用中（尤其是在军事领域），减小系统的尺寸和重量可能是在纯电子领域中插入光子学的主要驱动力。此外，如已经指出的那样，通过集成技术实现微波光子学系统不仅减少了尺寸和重量（有时还降低功耗和成本），而且还可以提高性能和可靠性。

全球在改善集成过程和集成设备的性能方面付出了很多努力，并且今天已经有数个建立的技术平台可用。其中，最重要的是硅光子学和磷化铟，但还有其他几种，如低损耗氮化硅或将在同一平台上融合了不同技术优势的混合方法（如硅和氮化硅）。除了在技术上已经确立（即可靠）之外，还可以通过多项目运行以可负担的成本获得这些技术，这有利于研究微波行业的光子学优势。

封装技术也特别重要，特别是对于需要无法集成在同一平台中的不同组件的复杂光子系统。在这些情况下，将"共同包装"技术装配到单个包装中的不同集成设备，对于提供单个易于使用的基于集成光子学的射频系统至关重要。

当前，微波光子学系统的进步受到学术研究的推动。为了将这些突破性解决方案推向市场，有必要开发集成解决方案。然而，设计、实现和全面开发光子集成系统的时间和成本需要带来直接的工业利益和进行投资。

到目前为止，工业界正在密切关注微波领域中光子技术的发展。虽然它们仍未完全发挥领导作用，但越来越多极具竞争力结果的示范活动正在促使行业介入并加速发展进程。

在这些前提下，我们希望见证动态工业微波光子学领域的诞生，开发具有全新技术特征的射频系统（特别是但不限于雷达和电子战系统），并实现光子学的灵活性，并实施在我们生活的数个领域中取得突破性的应用。

内容简介

微波光子学是一个新兴的跨学科领域，它研究微波和光波之间的深层相互作用，从而有效地产生、分发、处理、控制和感应微波、毫米波和太赫兹信号。

本书概述了微波光子学在雷达和电子战系统中的潜力，包括基本概念和功能，与传统的系统进行性能比较，描述其对数字信号处理的影响，并探索了系统集成问题。介绍了光子学在雷达和电子战系统中的主要硬件功能：光纤中的射频传输、基于光子学的射频信号产生/上变频和模数转换/下变频、光学波束形成和光学射频滤波；描述了由光子学实现的新一代雷达和电子战系统架构，强调了其在减少整个雷达或电子战系统的尺寸、质量、功耗和成本方面的潜力；讲述了芯片系统实现所带来的新应用。

第1章和第2章介绍了雷达系统和电子战的结构和优点，对系统进行了总结，特别强调了当前的问题。第3章介绍了微波光子学的组成。第4章介绍了基于光子学的雷达系统的最新实例。第5章介绍了雷达网（或组网雷达）的一般概念和优点，还介绍了雷达网络的实施实例、标准射频技术的使用和局限性。第6章描述了最近实现基于光子学的相干雷达网络。第7章介绍了电子战系统中的光子学运用。第8章介绍了雷达与电子战系统中光子学运用的过去与未来。

本书全面涵盖了当前微波光子学在雷达网与电子战系统中应用的内容，是一本成体系介绍雷达/电子战和光子学的跨学科信息交叉融合的著作。本书每个主题均从原理入手，深入浅出，通过实际的例子说明每个方法、技术在该领域的具体应用，参考性和指导性很强，可为从事该领域的研究人员提供有益的借鉴。

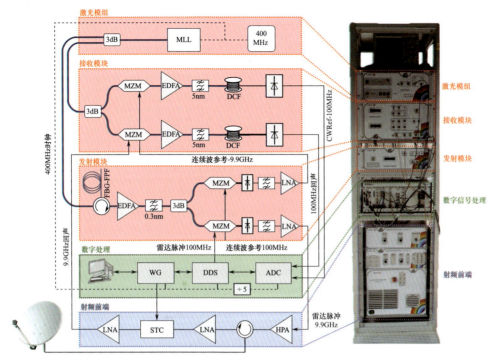

图 4.2 PHODIR 原型框图和演示器图片
（粗线—光路；细线—电气路径；虚线—时钟连接）

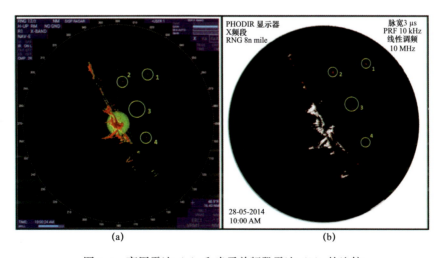

图 4.4 商用雷达（a）和光子单频段雷达（b）的比较

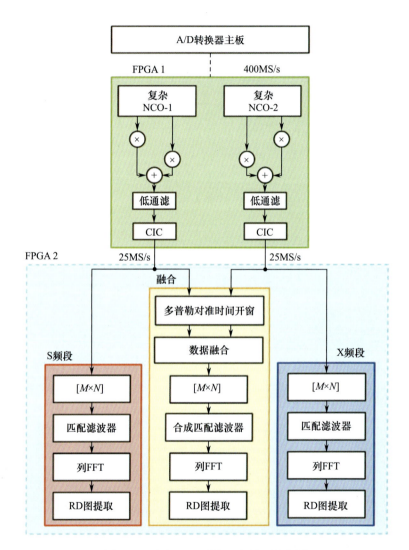

图 4.7 通过 FPGA 进行双频处理的框图

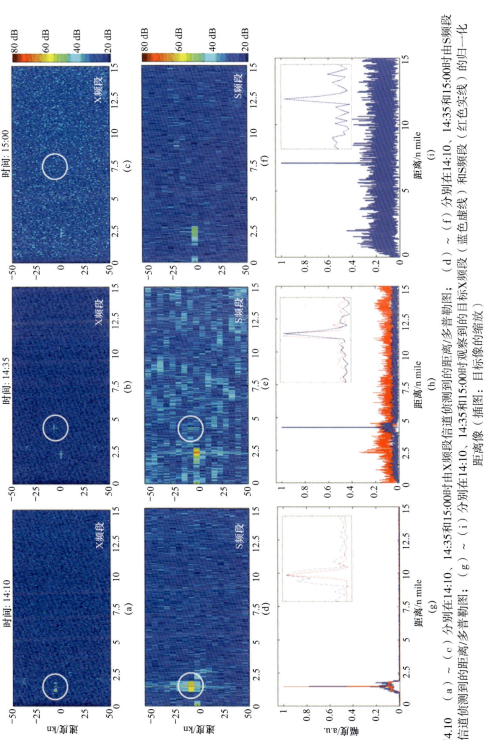

图4.10 （a）~（c）分别在14:10、14:35和15:00时由X频段信道侦测到的距离/多普勒图；（d）~（f）分别在14:10、14:35和15:00时由S频段信道侦测到的距离/多普勒图；（g）~（i）分别在14:10、14:35和15:00时观察到的目标X频段（蓝色虚线）和S频段（红色实线）的归一化距离像（插图：目标像的缩放）

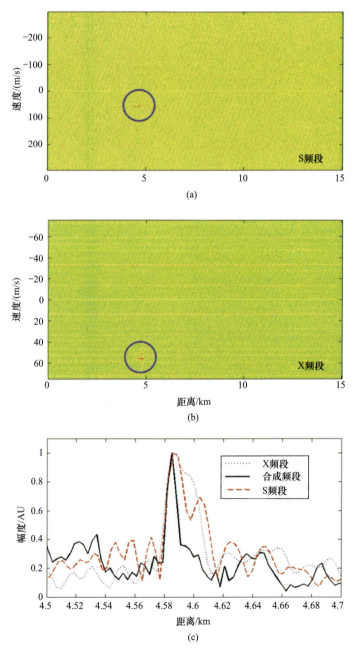

图 4.13 （a）S 频段和（b）X 频段的距离速度图；
（c）空中情况下双频段雷达的距离剖面

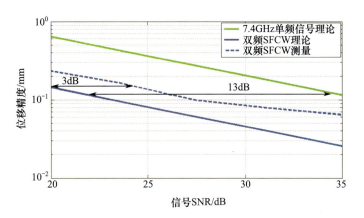

图 4.21 位移精度与信号信噪比的关系

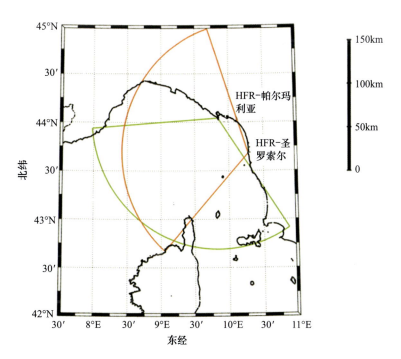

图 5.9 北约在高频雷达上的试验:(绿色)帕尔玛利亚和(红色)圣罗索尔遗址和保护区[103]

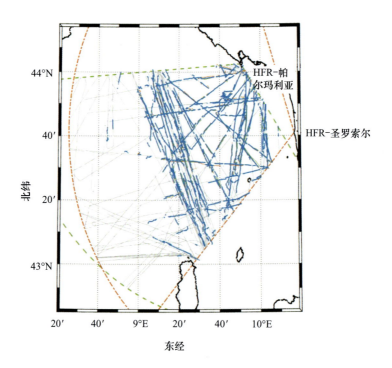

图 5.10 融合区域中的真实活动轨迹:(灰色) AIS 数据,
(绿色) 相对于帕尔玛利亚传感器的跟踪路线,
(红色) 圣罗索尔系统和 (蓝色) 网络雷达系统的
融合 T2T 算法[103]

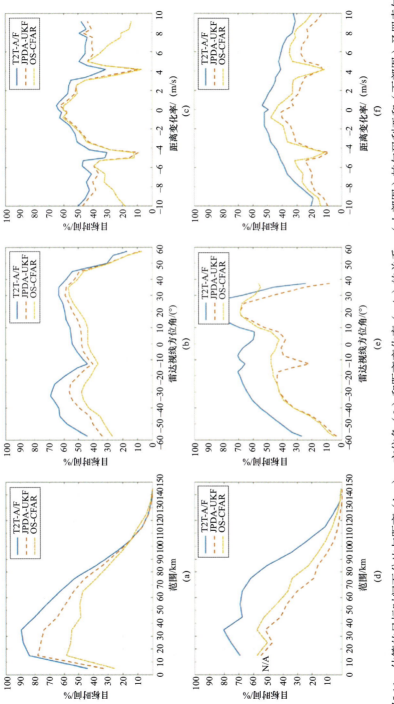

图5.11 估算的目标时间百分比与距离（km），方位角（°）和距离变化率（m/s）的关系。（上部图）帕尔玛利亚和（下部图）圣罗索尔地点：T2T-A/F，（红色）JPDA-UKF和（黄色）OS-CFAR。（a）帕尔玛利亚岛目标时间与范围关系；（b）帕尔玛利亚岛目标时间与方位角关系；（c）帕尔玛利亚岛目标时间与距离变化率关系；（d）圣罗索尔岛目标时间与范围关系；（e）圣罗索尔岛目标时间与方位角关系；（f）圣罗索尔岛目标时间与距离变化率关系[103]

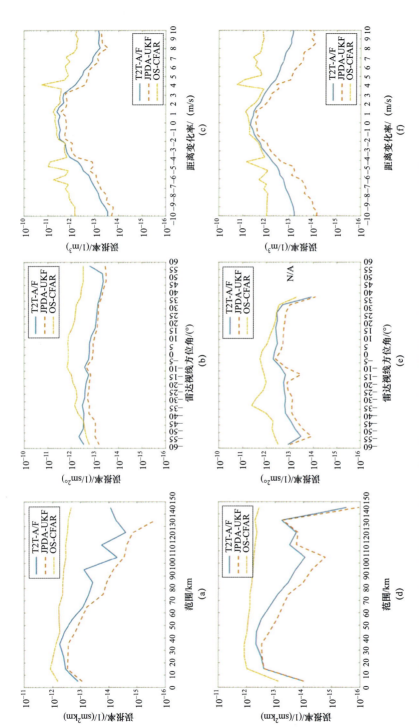

图5.12 关于（上部图）帕尔玛利亚和（下部图）圣罗索尔地点估计虚警率与范围（km），方位角（°）和距离变化率（m/s）的关系：（蓝色）T2T-A/F，（红色）JPDA-UKF和（黄色）OS-CFAR。（a）帕尔玛利亚虚警率与范围关系；（b）帕尔玛利亚虚警率与方位角关系；（c）帕尔玛利亚虚警率与距离变化率关系；（d）圣罗索尔虚警率与范围关系；（e）圣罗索尔虚警率与方位角关系；（f）圣罗索尔虚警率与距离变化率的关系[103]

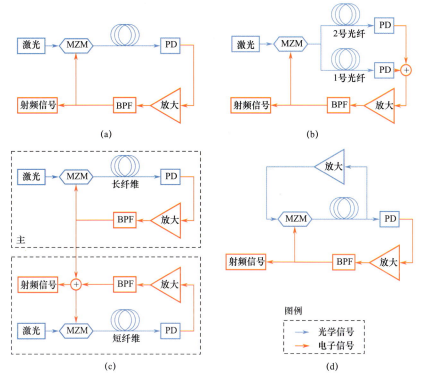

图3.6 （a）包括长光纤环路的光电振荡器基本方案；（b）具有第二个光电回路的光电振荡器，以抑制腔模；（c）主/从配置中的光电振荡器；（d）耦合光电振荡器，产生超稳定的光脉冲

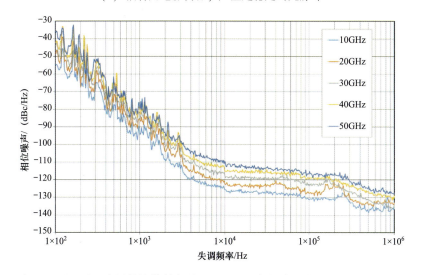

图3.8 基于再生光纤的锁模激光器以10GHz重复频率生成的10GHz、20GHz、30GHz、40GHz和50GHz的射频信号测得的相位噪声

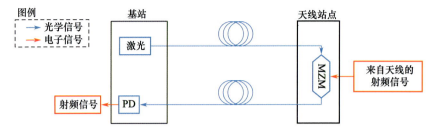

图 3.11 接收器天线远程处理的光纤射频传输方案

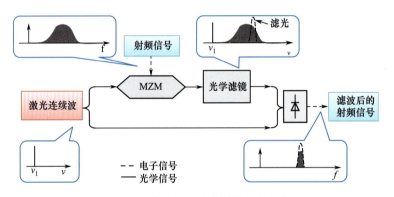

图 3.12 微波光子滤波器的基本方案

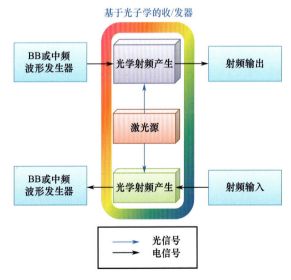

图 4.1 基于光子学收/发器的方案

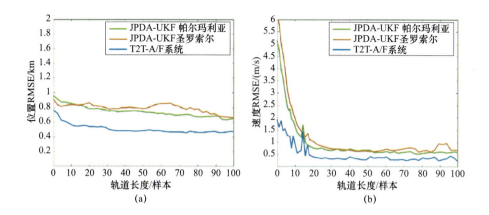

图 5.13　(a) 位置和 (b) 速度状态矢量分量的 RMSE：(绿色) 帕尔玛利亚 JPDA-UKF，(红色) 圣罗索尔 JPDA – UKF 和 (蓝色) T2TA/F。(a) 均方根误差 (RMSE) 和速度；(b) 均方根误差 (RMSE)[103]

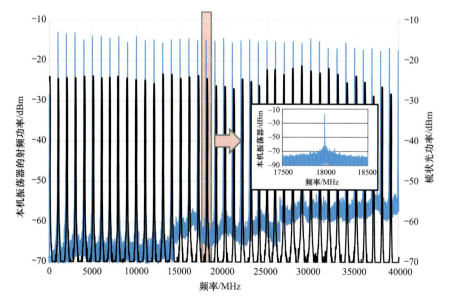

图 7.9　注入锁定操作的效果。黑色迹线：激光梳的光谱。蓝色迹线：对于每个调谐位置，光电二极管中注入的从激光器和可调主激光器之间跳动的电频谱。插图：18GHz 本机振荡器的电频谱缩放轨迹

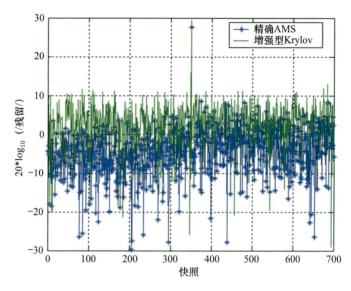

图 8.6　与 MATLAB ©相比，光处理器上的 10 个天线和 10 个抽头 STAP 结果